Beschleuniger in der Großforschung

Herausgegeben von der

Arbeitsgemeinschaft
der Großforschungseinrichtungen (AGF)

Mit Beiträgen von
Hartmut H. Bertschat · Gerhard Kraft · Rolf W. Müller
Wolfgang Pohlit · Gerhard Schatz · Klaus Wille

Mit 89 zum Teil farbigen Abbildungen

Springer-Verlag
Berlin Heidelberg New York
London Paris Tokyo

Arbeitsgemeinschaft der Großforschungseinrichtungen (AGF)
Wissenschaftszentrum
Ahr-Straße 45
5300 Bonn-Bad Godesberg (Bonn 2)

Wissenschaftliches Konzept und Koordination: Eva Maria Heck
Redaktionskommitee: Hartmut H. Bertschat, Eberhard Gockel. Eva Maria Heck, Wolfgang Pohlit, Gerhard Schatz, Günther Siegert, Klaus Wille, Horst Zajonc, Clemens Zettler
Redaktion: Eberhard Gockel

CIP-Kurztitelaufnahme der Deutschen Bibliothek
Beschleuniger in der Großforschung
hrsg. von d. Arbeitsgemeinschaft
d. Großforschungseinrichtungen.
Unter Mitarb. von Hartmut H. Bertschat ...
– Berlin; Heidelberg; New York; Tokyo: Springer, 1987.
  ISBN-13: 978-3-540-16509-5   e-ISBN-13: 978-3-642-71164-0
  DOI: 10.1007/978-3-642-71164-0
NE: Bertschat, Hartmut, H. [Mitverf.];
Arbeitsgemeinschaft der Großforschungseinrichtungen

Gesamtherstellung: Appl, Wemding
2131/3130-543210

Inhaltsverzeichnis

Einführung

Entwicklung, Bau und wissenschaftliche Nutzung von Beschleunigern gehören zu den klassischen Aufgaben der Großforschung. Bekannt sind vor allem die großen Beschleuniger der Kern- und Elementarteilchenphysik. Mit diesen Großgeräten wurden spektakuläre wissenschaftliche Ergebnisse erzielt; erinnert sei etwa an die erstmalige Synthetisierung der bisher schwersten Elemente 107, 108 und 109 bei der Gesellschaft für Schwerionenforschung in Darmstadt (GSI) oder an den ersten direkten Hinweis auf die Existenz der Gluonen beim Deutschen Elektronen-Synchrotron (DESY) in Hamburg.

Im Gespräch sind auch häufig die hohen Aufwendungen, die für den Bau solcher großen Beschleuniger erforderlich sind. Weniger bekannt ist, daß Beschleuniger auch in anderen Bereichen der naturwissenschaftlichen Forschung eine wichtige Rolle spielen und daß es bereits viele praktische Anwendungen gibt. In der Medizin werden Beschleuniger in der Strahlentherapie eingesetzt, in der Technik dienen sie zur zerstörungsfreien Werkstoffprüfung.

Die Grundprinzipien der Beschleunigertechnologie und die breite Palette der Einsatzmöglichkeiten von Teilchenbeschleunigern in der Forschung darzustellen, ist das Ziel dieser Veröffentlichung. Es soll exemplarisch gezeigt werden, wie unterschiedlich die wissenschaftlichen Fragen sind, die mit Hilfe von Beschleunigern gelöst werden können.

Zunächst wird die Technik der Beschleuniger dargestellt. Bereits hier wird deutlich, daß ausgefeilte Elektronik, hochwertige Materialien, präzise Fertigungstechniken und ausgefallene neue Ideen notwendig sind, um erfolgreiche Beschleuniger bauen zu können. Dies demonstriert besonders das Kapitel über zukünftige Beschleunigerkonzepte.

Die hohen Anforderungen an die technischen Komponenten der Beschleuniger führen immer wieder zu Neuentwicklungen, die auch in anderen Bereichen Anwendungen finden. Die technische Entwicklung von Beschleunigern hat daher eine Ausstrahlung auf weite Gebiete der Technik.

Aber auch die Forschung mit Beschleunigern beschränkt sich bei weitem nicht mehr auf einige Spezialgebiete wie Kern- und Hochenergiephysik. Längst haben auch Festkörperphysiker, Materialforscher, Biologen, Chemiker und Mediziner die einzigartigen Möglichkeiten der Forschung mit diesen Geräten erkannt. Je weiter man sich von den ursprünglichen Einsatzgebieten der Beschleuniger entfernt, um so reichhaltiger und verzweigter werden die Probleme, die untersucht werden. Daher kann in dieser Publikation der Einsatz von Teilchenbeschleunigern nur anhand einiger exemplarischer Forschungsvorhaben beschrieben werden. Die bereits vorhandenen oder sich abzeichnenden industriellen Anwendungen können nur am Rande erwähnt werden. So werden Beschleuniger für industrielle Zwecke wie Qualitätskontrollen oder Verschleißmessungen mit Hilfe von radioaktiver Markierung benötigt. Die Synchrotronstrahlung kann dazu verwendet werden, mittels Röntgen-Lithographie die miniaturisierten Computerbausteine der Zukunft herzustellen.

Beispiele aus der medizinischen Therapie und Diagnostik zeigen, daß es sich bei den verwendeten Beschleunigern nicht immer um gigantische Anlagen handeln muß. Es gibt bereits eine Fülle von industriell serienmäßig gefertigten kompakten Beschleunigern, die in Krankenhäusern verwandt werden. Um mit hohen Energien oder ausgefallenen Elementarteilchen experimentieren zu können, sind jedoch auch in Zukunft große Anlagen erforderlich. Häufig arbeiten Wissenschaftler der unterschiedlichsten Disziplinen an einem einzigen Beschleuniger. Der Teilchenstrahl, der für die Experimente genutzt wird, ist in vielen Fällen der gleiche. Lediglich die Experimentieranordnung entscheidet darüber, ob die Struktur eines Atomkernes oder die Wirkungsweise ionisierender Strahlung in organischen Geweben untersucht wird.

Das breite Spektrum der auf Beschleuniger angewiesenen Disziplinen ist ein maßgeblicher Grund dafür, daß die großen Beschleuniger von Großforschungseinrichtungen errichtet und betrieben werden. Sie stellen den „Strahl" auch auswärtigen Wissenschaftlern unterschiedlicher Fachgebiete zur Verfügung. Diese brauchen dabei lediglich ihre Experimentieranordnung mitzubringen. Ein solches Verfahren hat auch den Vorteil, daß sich die Experimentatoren nicht in die komplizierte Technik und Handhabung der Beschleuniger einarbeiten müssen, ein Vorteil, den vor allem Wissenschaftler aus weniger technischen Disziplinen wie Biologie und Medizin sehr zu schätzen wissen.

Die ersten Beschleuniger wurden ursprünglich von Physikern für ihre eigenen Forschungsarbeiten konzipiert. Inzwischen entwickelte sich der Beschleunigerbau zu einer „Wissenschaft für sich", und die Wissenschaftler, die Experimente an Beschleunigern durchführen, sind nicht mehr identisch mit jenen, die sie konstruieren. Das Verhältnis ist ähnlich dem von Rennfahrern und Autokonstrukteuren. Wie bei den Automobilen gibt es auch schon preisgünstige Mittelklassemodelle unter den Teilchenbeschleunigern, die mit den hochgezüchteten Spitzenmodellen nur noch das Prinzip der Beschleunigung gemeinsam haben.

Zur Technik der Beschleuniger

KLAUS WILLE

Allgemeine Prinzipien

Es gibt grundsätzlich zwei verschiedene Anordnungen für einen Beschleuniger elektrisch geladener Teilchen: Bei den sogenannten „Linearbeschleunigern" werden die Teilchen entlang einer geraden Bahn geführt. Sie durchlaufen daher jede Beschleunigungskomponente nur einmal. Demgegenüber werden in Kreisbeschleunigern die Teilchen mit Führungsmagneten auf einer geschlossenen, annähernd kreisförmigen Bahn umgeführt. Das erfordert eine aufwendigere Magnetstruktur, dafür werden aber die Beschleunigungsstrecken sehr oft durchlaufen, was bei gegebener Energie ein kompakteres Beschleunigungssystem ergibt. Die verschiedenen Techniken beim Beschleunigen von Teilchen wie auch die verschiedenen Beschleunigertypen und ihre speziellen Anwendungsbereiche werden in der folgenden Übersicht vorgestellt.

Teilchenstrahlen der Beschleuniger

Ganz allgemein besteht die Aufgabe der Beschleuniger darin, Strahlen aus den verschiedensten Teilchensorten in einem breiten Energiespektrum zu liefern. Im einfachsten Fall handelt es sich dabei um Teilchen, die stabil sind und in der Natur in unbegrenzter Menge zur Verfügung stehen. Sie lassen sich mit relativ einfachen technischen Mitteln zur Beschleunigung freisetzen und zu einem Strahl bündeln. Zu dieser Teilchenklasse gehören die Elektronen, die Protonen und die Schwerionen.

Die Elektronen werden im allgemeinen auf klassische Weise durch Verwendung von Glühkathoden erzeugt, wie sie auch in Radio- und Senderröhren in Gebrauch sind. Die meist runde, großflächige Kathode aus Wolfram wird durch einen elektrischen Heizdraht auf Temperaturen über 1000 °C erhitzt. Dabei treten die Elektronen in Form einer Ladungswolke aus der Oberfläche aus. Bringt man eine positiv geladene Anode in die Nähe, so werden die Elektronen in dem Feld beschleunigt und laufen in Richtung der Anode. Auf diese im Prinzip einfache Weise wird der primäre Elektronenstrahl erzeugt, der dann weiterbeschleunigt wird (Bild 1).

Die Ionen werden aus gasförmigen Atomen oder Molekülen erzeugt, die bei niedrigem Gasdruck in eine Kammer geleitet wer-

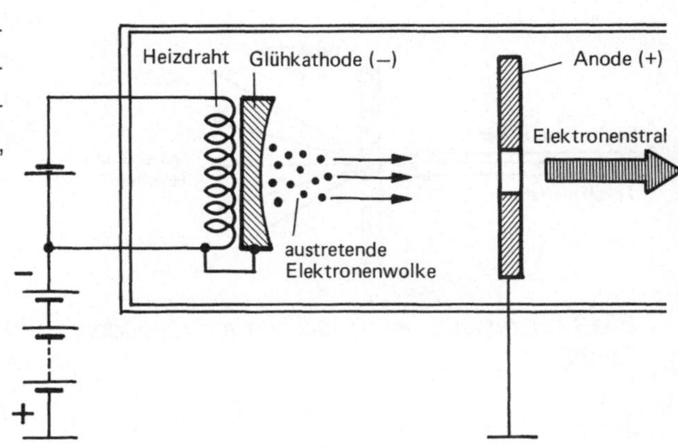

Bild 1: Erzeugung von Elektronenstrahlen durch Glühkathoden

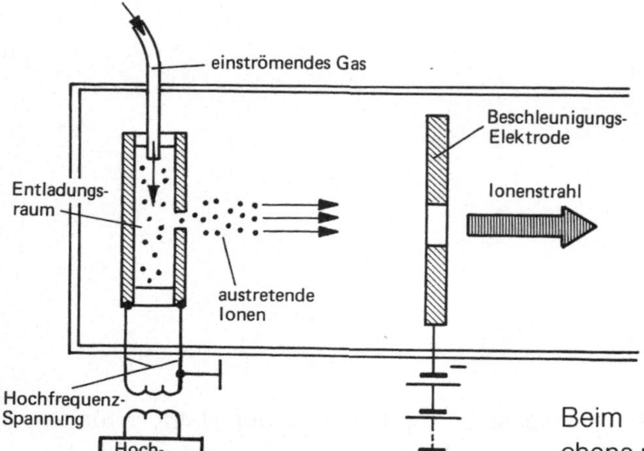

Bild2: Erzeugung von Protonen- und Schwerionenstrahlen durch Ionenquellen

den, in der ein hohes elektrisches Gleichfeld oder ein starkes hochfrequentes elektromagnetisches Wechselfeld herrscht. Dabei werden Teile der Elektronenhüllen der Atome abgetrennt, und es entsteht ein Gemisch aus Elektronen und geladenen Atomen, ein sogenanntes „Plasma". Diese jetzt geladenen Atome können dann durch ein elektrisches Feld abgesaugt und vorbeschleunigt werden (Bild 2).

Elektronen, Protonen und Schwerionen sind schon alle primär verfügbaren Teilchen. Die große Zahl der meist sehr kurzlebigen Elementarteilchen muß künstlich erzeugt werden. Dabei gibt es zwei verschiedene Wege:

Im einen Fall schießt man einen auf eine geeignete Energie beschleunigten Teilchenstrahl auf eine ruhende Materialprobe, das sogenannte Target, das aus den unterschiedlichsten Materialien bestehen kann.

Beim Stoß des hochenergetischen Teilchens mit einem Atomkern des Targets werden aus der umgesetzten Energie neue Teilchen gebildet, die aus dem Target austreten (Bild 3). Die Masse der neuen Teilchen hängt streng von der umgesetzten Energie ab, und zwar entsprechend der einsteinschen Beziehung $E = m \cdot c^2$. Dabei können, abhängig von der Strahlenenergie, alle auch extrem kurzlebigen Teilchen erzeugt werden.

Unter den so erzeugten Teilchenstrahlen haben einige auch bereits eine große praktische Bedeutung. So entstehen Röntgenstrahlen, die in Forschung, Medizin und Technik eine große Rolle spielen, durch Auftreffen von Elektronen auf ein Target (Bremsstrahlung). Benutzt man dabei sehr intensive Elektronenstrahlen mit einer Energie $E >$ 100 MeV und ist das verwendete Target ausreichend dick, so werden die hochenergetischen Quanten der Bremsstrahlung beim Auftreffen auf Atome des Targets in Elektron/Positron-Paare umgewandelt. Positronen sind die „Antiteilchen" der Elektronen, sie haben exakt die gleiche Masse und den gleichen Betrag der Ladung, nur das Vorzeichen der Ladung ist positiv. Aus dem Target treten dann diese Elektronen und Positronen aus. Durch Magnetfelder oder geeignet gepolte Beschleunigungsfelder können dann die Positronen abgetrennt und weiterbeschleunigt werden (Bild 4).

Auf im Prinzip gleiche Weise lassen sich bei Beschuß eines Targets mit Protonen deren Antiteilchen, die Antiprotonen, erzeugen, die dann in Beschleunigern ganz analog weiterbeschleunigt werden.

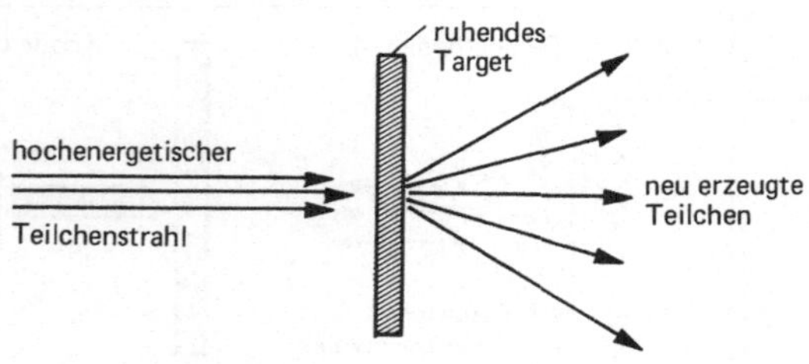

Bild3: Erzeugung neuer Teilchen am ruhenden Target

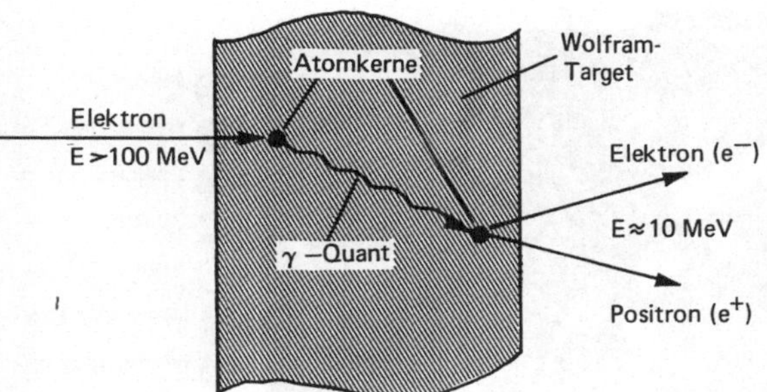

Bild 4: *Erzeugung von Positronen durch hochenergetische Elektronenstrahlen im Wolframtarget*

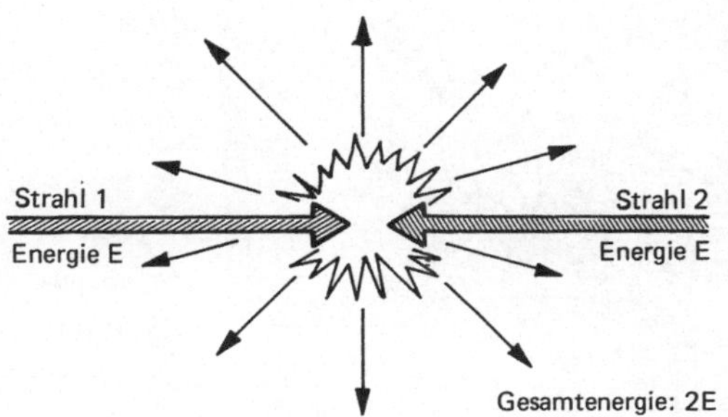

Bild 5: *Erzeugung neuer Teilchen durch Kollision zweier Teilchenstrahlen*

prozeß zur Verfügung (Bild 5). Für derartige Experimente wurden bisher vor allem folgende Teilchenstrahlen verwendet:

Elektronen auf Positronen
Protonen auf Protonen
Protonen auf Antiprotonen

Außerdem sind Experimente in Vorbereitung, bei denen Elektronenstrahlen mit Protonen kollidieren. Allerdings sind dann die Energien der Teilchenstrahlen verschieden.

Große Bedeutung hat in den letzten Jahren auch die Synchrotronstrahlung gewonnen, die dann entsteht, wenn Elektronenstrahlen hinreichender Energie in einem Magneten abgelenkt werden (Bild 6). Es handelt sich um ein breites Spektrum elektromagnetischer Strahlung, vom sichtbaren Licht über den Ultraviolettbereich bis in den Röntgenbereich. Ein wesentlicher Vorteil ist, daß die Synchrotronstrahlung scharf in Richtung des Elektronenstrahls gebündelt ist, und zwar um so stärker, je höher die Energie des Elektronenstrahls ist.

Der Nachteil beim Beschuß eines Targets mit einem hochenergetischen Strahl ist, daß ein großer Teil der Energie durch Rückstoß verlorengeht. Für den eigentlichen physikalischen Prozeß bleibt nur noch ein Bruchteil übrig, der mit steigender Strahlenergie immer kleiner wird.

Daher gibt es seit mehr als 10 Jahren eine Reihe von Experimenten, bei denen zwei Teilchenstrahlen gleicher Energie gegeneinander geschossen werden. Dabei steht die Energie beider Strahlen voll für den Stoß-

Strahlführung und Fokussierung

Der aus der Mathematik entlehnte Begriff „Strahl" trifft eigentlich nicht streng zu, denn im Gegensatz zum mathematischen Ideal hat ein Teilchenstrahl sehr wohl eine gewisse Dicke. Das liegt daran, daß Teilchen bei ihrer Erzeugung und auch durch andere Effekte wie Streuung an anderen Teilchen oder Aussendung von Synchrotronstrahlung immer etwas von der idealen Strahlbahn, dem sogenannten „Orbit", abweichen.

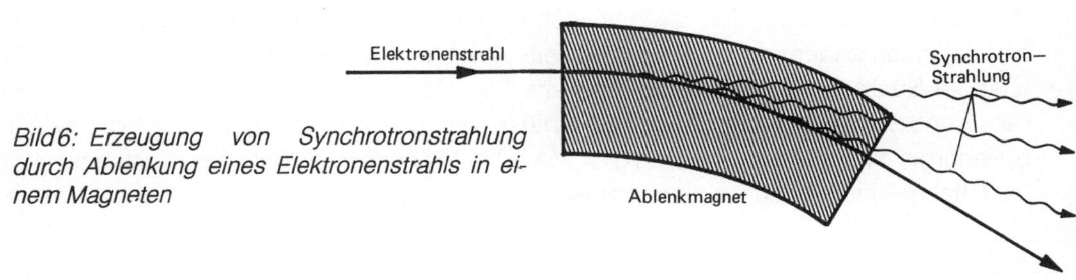

Bild 6: *Erzeugung von Synchrotronstrahlung durch Ablenkung eines Elektronenstrahls in einem Magneten*

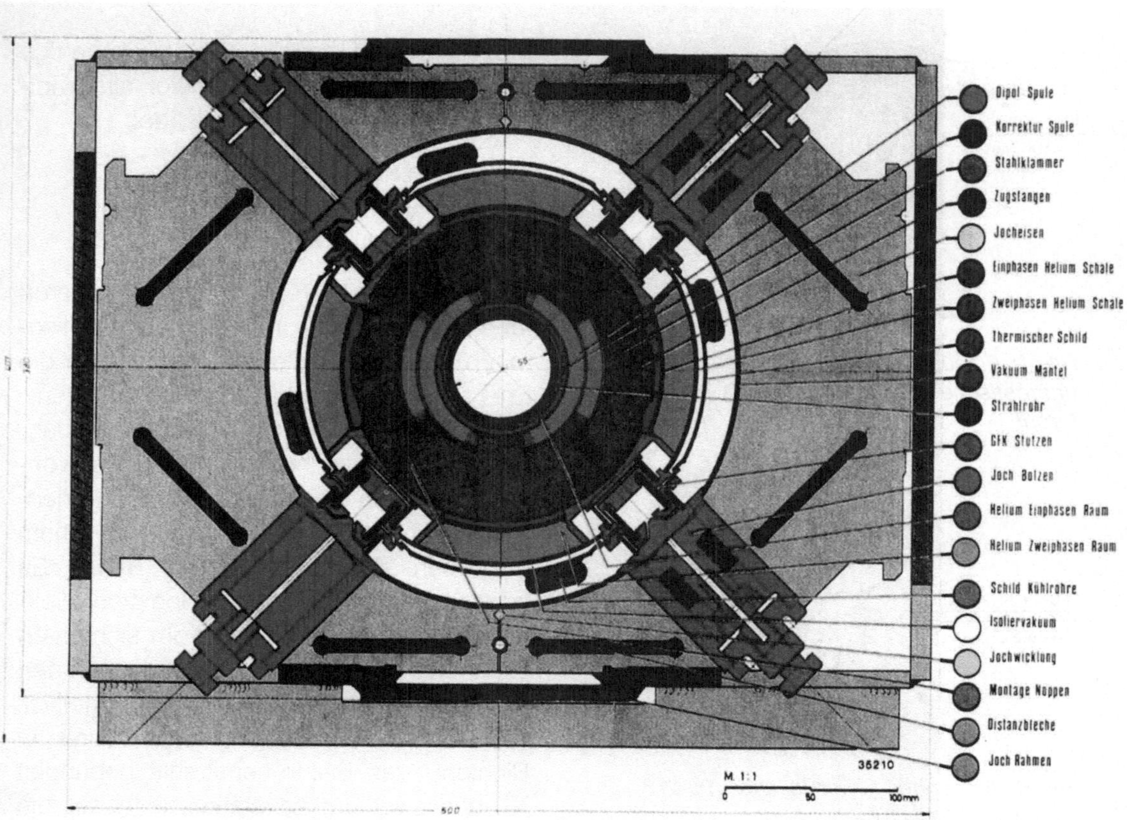

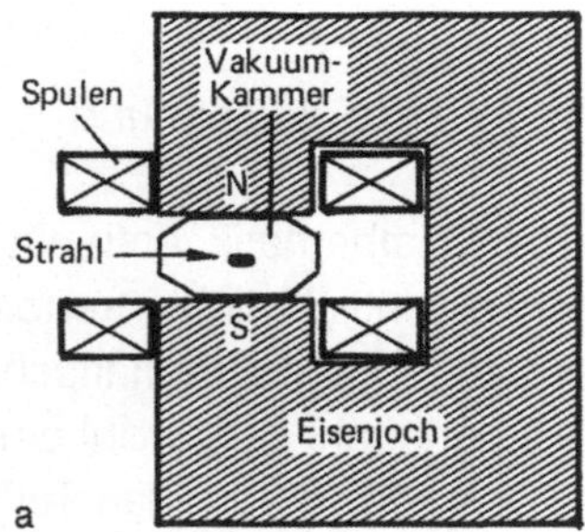

Bild 7: Querschnitt durch einen normalleitenden Ablenkmagneten mit Eisenjoch (a) und durch einen supraleitenden Magneten mit umgebendem Kühltank (b)

Der Mittelwert dieser Abweichungen aller Teilchen im Strahl wird durch die „Emittanz" beschrieben, die ein Maß für den Strahlquerschnitt ist.

Eine weitere charakteristische Größe des Strahls ist die Energie der Teilchen. Auch hier muß man bedenken, daß nicht alle Teilchen im Strahl exakt dieselbe Energie haben, sondern daß es um die gewünschte Sollenergie eine Energieverteilung gibt. Man muß daher einen Beschleuniger immer so konzipieren, daß er auch Teilchen mit Energieabweichung in gewissen Grenzen akzeptiert.

Bei Kreisbeschleunigern muß die Sollbahn des Strahls so gebogen werden, daß er nach einem vollen Umlauf in sich selbst übergeht. Aber auch in Linearbeschleunigern ist es häufig erforderlich, beschleunigte Teilchenstrahlen zu einem bestimmten Experiment hin abzulenken. Diese Aufgabe wird nahezu ausschließlich von Magneten wahrgenommen, die ein homogenes Feld am Strahl erzeugen (Bild 7a). In seiner klassischen Form besteht ein solcher Magnet aus einem Eisenjoch, das durch eine stromdurchflossene Spule erregt wird. Das Feld wird dabei nahezu ausschließlich durch die Form des Eisens bestimmt. Solche Magnete können Felder bis zu einer Stärke von etwa 2 Tesla erzeugen, darüber sättigt das Eisen, d. h., eine Erhöhung des Spulenstroms bewirkt keine nennenswerte Felderhöhung mehr. Diese Feldstärke entspricht etwa dem 80 000-fachen Wert des Erdmagnetfeldes. Da man bei modernen Kreisbeschleunigern für Protonen sehr hohe Energien anstrebt, sind auch hohe Magnetfelder von 5 bis 6 Tesla erforderlich. In diesem Falle werden die Magnetfelder nur noch von den Spulenleitern erzeugt, die natürlich von einem extrem hohen Strom durchflossen sein müssen. Um diesen hohen Strom beherrschen zu können, werden die Spulen durch flüssiges Helium in die Nähe des absoluten Nullpunkts der Temperatur (ca. 4° K) abgekühlt, wobei sie ihren elektrischen Widerstand verlieren. Diesen Effekt bezeichnet man als „Supraleitung". Die erforderliche elektrische Leistung reduziert sich dadurch drastisch. Andererseits müssen die Leiter mechanisch äußerst präzise hergestellt und genau fixiert werden, um die geforderte Feldgenauigkeit zu erzielen (Bild 7 b).

Ein Beschleuniger, der nur aus Ablenkmagneten besteht, würde aber nicht ohne weiteres funktionieren, da vor allem die Teilchen, die einen Winkel zum Orbit haben, sich immer weiter von der Strahlachse entfernen würden und schließlich verlorengingen. Da das strenggenommen für alle Teilchen gilt, würden sie nach einer gewissen Strecke nahezu alle verschwunden sein. Daher müssen alle nach außen laufenden Teilchen eines Strahls wieder zum Zentrum zurückgeführt werden. Diesen Vorgang nennt man wie in der Lichtoptik „Strahlfokussierung".

Wie bei der Ablenkung hat sich auch bei der Strahlfokussierung weitgehend die Verwendung von Magnetfeldern durchgesetzt. Im einfachsten Fall umgibt man den Strahl mit einer Spule, die ein homogenes, in Längsrichtung verlaufendes Feld erzeugt. Teilchen, die exakt parallel zur Strahlachse fliegen, werden dabei nicht beeinflußt, während alle anderen, die einen Winkel zur Achse haben, auf spiralförmigen Bahnen zum Orbit zurückgeführt werden. Diese Methode ist allerdings nur bei relativ kleinen Strahlenergien wirkungsvoll, weshalb sie vor allem am Anfang von Linearbeschleunigern eingesetzt wird.

Bei höheren Energien haben sich sogenannte „Quadrupolmagnete" bewährt, die aus vier hyperbolisch geformten Eisenpolen bestehen, die durch Spulen mit abwechselnder Polarität erregt werden (Bild 8 a, b). Aus Symmetriegründen gibt es

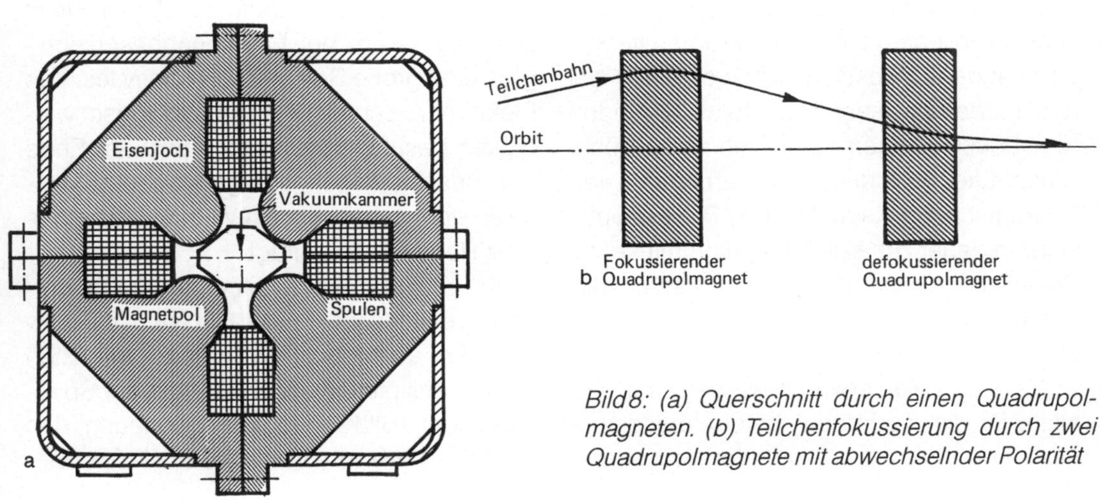

Bild 8: (a) Querschnitt durch einen Quadrupolmagneten. (b) Teilchenfokussierung durch zwei Quadrupolmagnete mit abwechselnder Polarität

auf der Magnetachse, die mit dem Strahlorbit zusammenfällt, kein Feld. Daher bleiben alle Teilchen auf dieser Achse unbeeinflußt. Senkrecht zur Ausbreitungsrichtung steigt das Feld proportional mit dem Abstand zur Achse an, daher ist die Ablenkung eines Teilchens um so stärker, je größer der Abstand ist.

Eine Fokussierung, also ein Zurückbiegen der Teilchenbahn zur Strahlachse, läßt sich bei Quadrupolmagneten grundsätzlich nur in einer Ebene erzielen, in der dazu senkrechten Ebene wirkt ein solcher Magnet immer defokussierend. Daher braucht man zur Fokussierung in beiden Ebenen mindestens zwei Quadrupole, deren Polarität um 90° gegeneinander verdreht ist. Tatsächlich sind aber immer sehr viel mehr Quadrupole in einem Beschleuniger vorhanden, weil man die erforderlichen meist sehr kleinen Strahldimensionen nur durch eine sehr starke, gleichmäßig entlang des Beschleunigers verteilte Fokussierung erzielen kann. Außerdem gibt es zusätzliche Forderungen, die an bestimmten Stellen des Beschleunigers besondere Strahlquerschnitte notwendig machen. Die Entwicklung solcher „Strahloptiken", und damit die Berechnung der Stärken der vielen verschiedenen Quadrupolmagnete ist wegen der Vielzahl der Parameter ohne den Einsatz von Computern nicht möglich.

Die Teilchen im Strahl, die nicht exakt die richtige Sollenergie haben, werden natürlich auch anders fokussiert, was vor allem bei den modernen, sehr stark fokussierenden Kreisbeschleunigern zu Problemen führt. Dieser Effekt entspricht den Farbfehlern von lichtoptischen Linsen. Bei der Teilchenoptik werden daher zusätzlich Magnete mit sechs Polen eingesetzt, die diesen Fehler der energieabhängigen Fokussierung kompensieren.

Es sollte hier erwähnt werden, daß vor allem für die modernen Protonenbeschleuniger und deren hohe Energie auch supraleitende Quadrupole entwickelt wurden, die wie die supraleitenden Ablenkmagnete keine Eisenpole zur Formung des Magnetfeldes benutzen.

Teilchenbeschleunigung

Die wesentliche Aufgabe eines Beschleunigers ist natürlich, die erzeugten Teilchenstrahlen auf die geforderte Energie zu beschleunigen. Das geschieht ausschließlich durch elektrische Felder. Die elektrisch geladenen Teilchen erfahren im elektrischen Feld eine Kraft, die sie nach den elementaren Regeln der Physik auf höhere Bewegungsenergie beschleunigt. Hierbei sind zwei Grenzfälle zu betrachten: Nimmt man schwere Teilchen (Protonen oder Schwerionen), so ist deren Geschwindigkeit im allgemeinen klein im Vergleich zur Lichtgeschwindigkeit. Diese Teilchen erhöhen in einem elektrischen Beschleunigungsfeld mit der Energie ihre Geschwindigkeit.
Das gilt nicht mehr für Teilchen, die bereits praktisch Lichtgeschwindigkeit erreicht haben. Nach den Gesetzen der Relativitätstheorie kann nämlich kein Teilchen eine höhere Geschwindigkeit erreichen als die des Lichts. In einem elektrischen Feld werden daher solche sogenannten „relativistischen" Teilchen nicht mehr schneller, stattdessen nimmt ihre Masse ständig zu. Dieser Effekt spielt vor allem bei Elektronenbeschleunigern eine große Rolle, wo die relativ leichten Elektronen schnell bis zur Lichtgeschwindigkeit beschleunigt werden und am Ende des Beschleunigungsvorganges eine Masse erreicht haben, die ein Vieltausendfaches ihrer Ruhemasse beträgt.

Ein zur Teilchenbeschleunigung erforderliches elektrisches Feld läßt sich am einfachsten erzeugen, indem man zwischen zwei Metallplatten eine elektrische Spannung legt (Bild 9). Hat die Spannung den Wert U, so erlangt ein Teilchen mit einer Ele-

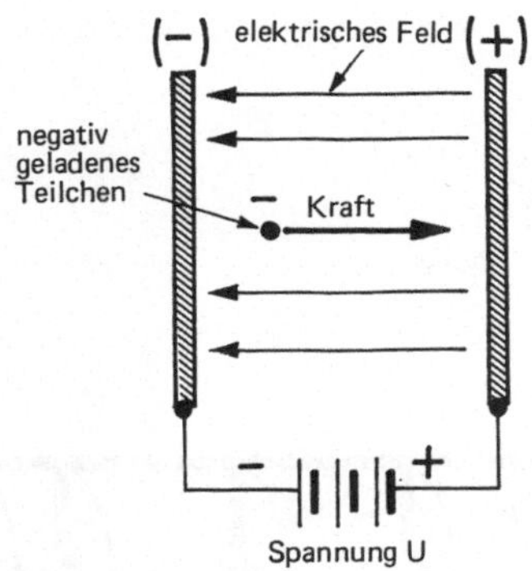

Bild 9: Beschleunigung eines geladenen Teilchens im elektrischen Feld

mentarladung (das ist die Ladung des Elektrons) eine Energie von U „Elektronenvolt" (kurz: eV), wenn es von der einen Platte zur anderen läuft. Bei höheren Energien verwendet man die Bezeichnungen
1 keV = 1000 eV, 1 MeV = 1000 keV und 1 GeV = 1000 MeV.

Das Problem besteht nun darin, die erforderlich hohen Spannungen zu erzeugen. Die ersten Beschleuniger benutzten dazu Hochspannungsgeneratoren, die eine hohe Gleichspannung erzeugten. Das geschah einmal durch ein umlaufendes Band aus Isoliermaterial, auf dem elektrische Ladun-

gen in eine isolierte Kugel transportiert und dort abgestreift wurden (Bild 10). Mit den ersten Entwicklungsarbeiten an einem derartigen Hochspannungsgenerator begann 1930 Robert J. Van de Graaff, nach dem auch dieses Prinzip benannt wurde. Im Jahre 1936 baute er mit seinen Mitarbeitern einen doppelten Generator, der insgesamt eine Beschleunigungsspannung von 5,1 Millionen Volt lieferte. Etwa zur gleichen Zeit entwickelten Sir John Douglas Cockcroft und Ernest Thomas Sinton Walton im Cavendish Laboratorium in Cambridge einen Generator, der vielstufige Hochspannungsgleichrichter verwendete. Die erzielte Spannung betrug 400 000 Volt.

Die durch hohe Gleichspannungen erzielbaren Energien reichen heute bei weitem nicht mehr aus. Deshalb verwendet man hochfrequente Wechselspannungen, die von leistungsstarken Senderanlagen geliefert werden. Es handelt sich hierbei in der Tat um dieselbe Technik, wie sie bei Rundfunk- und Fernsehsendern im Einsatz ist. Einer der ersten Beschleuniger mit dieser Technik war der Linearbeschleuniger von Wideröe (Bild 11): Zu einem bestimmten Zeitpunkt liegt zwischen der Kathode und der ersten Driftröhre eine Beschleunigungsspannung. Nachdem das Teilchen die Driftröhre erreicht hat, wird das Feld umgepolt, und dadurch erfährt das Teilchen wieder eine Beschleunigung, wenn es die Strecke von der ersten zur zweiten Driftröhre zurücklegt. Diesen Vorgang kann man im Prinzip beliebig oft wiederholen, man braucht nur

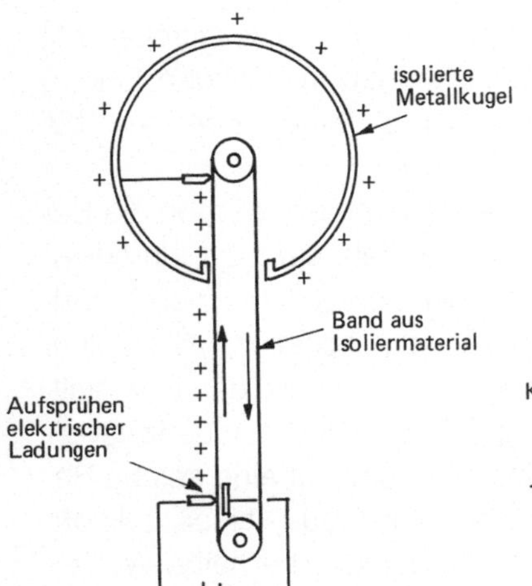

Bild 10: Prinzip des „Van de Graaff"-Generators

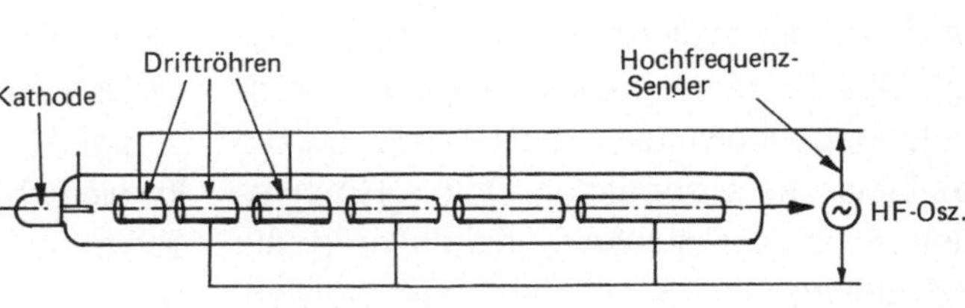

Bild 11: Linearbeschleuniger nach dem von Wideröe vorgeschlagenen Prinzip

9

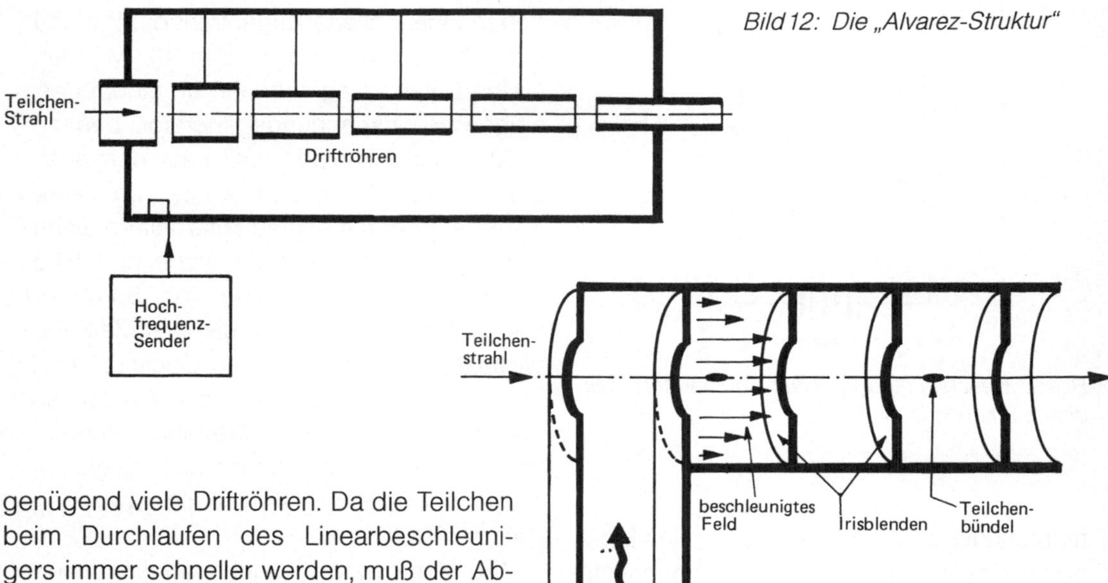

Bild 12: Die „Alvarez-Struktur"

Bild 13: Querschnitt durch ein Stück „Runzelröh-re" eines Elektronenlinacs

genügend viele Driftröhren. Da die Teilchen beim Durchlaufen des Linearbeschleunigers immer schneller werden, muß der Abstand zwischen den Driftröhren größer werden, und zwar bis die Lichtgeschwindigkeit erreicht ist.

Eine Weiterentwicklung des Wideröeschen Prinzips ist die „Alvarez-Struktur", die heute in modernen Protonen- und Schwerionen-Beschleunigern eingesetzt wird (Bild 12).

Bei Elektronen, die sich praktisch immer mit Lichtgeschwindigkeit ausbreiten, hat sich ein etwas anderes Prinzip durchgesetzt. Man kann eine entsprechende Hochfrequenzwelle so in einer runden Metallröhre laufen lassen, daß ein beschleunigendes elektrisches Feld entsteht, das mit dem Teilchen läuft. Der Röhrendurchmesser muß dabei etwa eine halbe Wellenlänge betragen. Hochfrequenzwellen auf diese Weise in leitenden Röhren zu führen, kennt man aus der Radartechnik.

Ein Elektron, das in einer solchen Röhre mit dem Feld läuft, wird ständig beschleunigt. Das Problem besteht darin, die Ausbreitungsgeschwindigkeit der Welle an die des Elektrons anzupassen. Da die Hochfrequenzwelle normalerweise schneller ist als das Elektron, muß sie verzögert werden, was durch Einbau einer Art von „Schikanen" geschieht, einfachen runden Irisblenden, die

im Abstand von etwa der halben Wellenlänge in das Rohr eingesetzt werden (Bild 13). Solch eine Struktur nennt man eine „Runzelröhre". Dadurch wird die Ausbreitungsgeschwindigkeit der Welle so gestaltet, daß die Elektronen beim Beschleunigen sozusagen auf der Hochfrequenzwelle mitreiten. Mit dieser Technik können in heutigen Linearbeschleunigern pro Meter Energien bis 15 MeV erzielt werden.

Bei Kreisbeschleunigern werden die Beschleunigungsstrecken sehr oft durchlaufen, so daß es sich anbietet, möglichst kompakte Einheiten zu schaffen. Auch hier verwendet man die Technik der in Metallstrukturen geführten Hochfrequenzwellen. Im einfachsten Fall besteht eine solche Beschleunigungsstrecke aus einer zylindrischen Dose, die genau eine halbe Wellenlänge lang ist und auch etwa denselben Durchmesser hat (Bild 14a). Die Hochfrequenzwelle kann bei geeigneter Wahl der Frequenz eine räumliche Verteilung annehmen, bei der ein besonders starkes elektrisches Feld entlang der Zylinderachse herrscht. Die Dose hat im Deckel und im Boden jeweils eine Öffnung, durch die der Strahl ein- und austreten kann. Mit solchen einzelligen Beschleunigungsstrecken („Cavities") lassen sich pro Zelle Spannungen bis 500 000 Volt erzielen.

Für Kreisbeschleuniger höherer Energie reicht das allerdings nicht mehr aus, deshalb wurden Strukturen entwickelt, bei denen mehrere solche Zellen miteinander verbunden werden. Das ergibt bei gleicher Hochfrequenzleistung eine Beschleunigungsspannung von über 2 Millionen Volt (Bild 14 b).

Leider geht in den Beschleunigungsstrecken ein beträchtlicher Teil der Hochfrequenzleistung aufgrund des endlichen elektrischen Widerstandes des verwendeten Metalls verloren. Deshalb werden derzeit Beschleunigungsstrecken entwickelt, die in der Nähe des absoluten Nullpunkts der Temperatur betrieben werden, wo das Material der Struktur supraleitend wird. Die Energieverluste verschwinden dabei praktisch vollständig.

Bild 14: (a) Einzellige Beschleunigungs-Struktur für Spannungen bis ca. 500 000 Volt. (b) Fünfzellige Beschleunigungs-Struktur für Spannungen bis 2 Millionen Volt

Vakuum

In den Beschleunigern muß ein extrem gutes Vakuum herrschen, da die Teilchen sonst durch Streuung an den Restgasatomen verloren gehen würden. Das gilt insbesondere für Kreisbeschleuniger, in denen die Teilchen sehr lange umlaufen. Die erforderlichen Drücke liegen je nach Beschleunigertyp zwischen 10^{-6} bis 10^{-10} mbar. Derartige Drücke lassen sich heute nach standardisierter Technik erzielen, vor allem durch Einsatz sehr vieler gleichmäßig verteilter Ionengetterpumpen. Teilweise werden diese Pumpen sogar als integrierter Bestandteil direkt in die Vakuumkammer eingebaut.

Die Herstellung der Vakuumkammern erfordert neben speziellen Schweiß- und Löttechniken vor allem Verfahren zur Reinigung der Oberflächen. In einem sehr guten Vakuum lösen sich die Verunreinigungen teilweise nur sehr langsam und verschlechtern durch Abgasung permanent das Vakuum. Deshalb werden nach chemischer Reinigung alle Teile unter Vakuum auf mehrere hundert Grad aufgeheizt, um diesen Abgasprozeß zu beschleunigen.

In Kreisbeschleunigern stellen hier vor allem die umlaufenden Elektronenstrahlen ein zusätzliches Problem dar. Wie oben erwähnt, senden Elektronen bei der Ablenkung in einem Magneten starke Synchrotronstrahlung aus, die auf die Oberfläche der umgebenden Vakuumkammer trifft. Dabei können Leistungen von einigen Kilowatt pro Meter Kammerlänge erreicht werden. Dadurch wird die Kammer lokal stark aufgeheizt, außerdem trennt vor allem die Röntgenstrahlung auch fester an der Oberfläche gebundene Moleküle ab, die ins Vakuum abgasen. Das führt zu einem drastischen Anstieg des Drucks. Um dies zu vermeiden, werden in die Vakuumkammern an den Stellen, wo Synchrotronstrahlung auftrifft, wassergekühlte Absorber eingebaut (Bild 15).

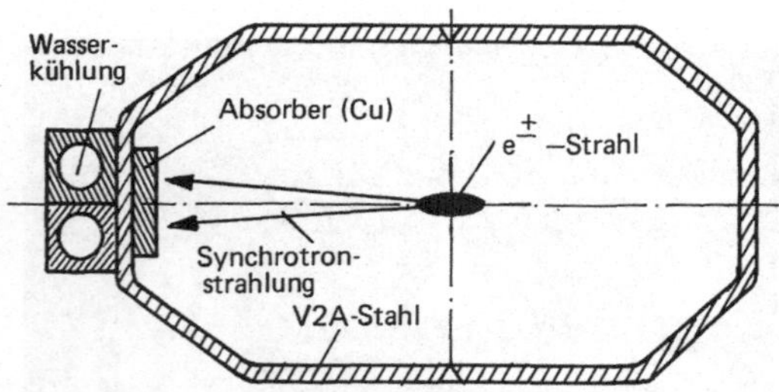

Bild 15: Vakuumkammer eines Elektronen-Kreisbeschleunigers mit Absorber für Synchrotronstrahlung

Kontrollen

Da Beschleuniger während des Betriebs grundsätzlich starke radioaktive Quellen sind, müssen sie von einem getrennten Raum aus fernbedient werden. Diese Aufgabe übernehmen die Maschinenkontrollen. Einmal geht es darum, eine Reihe von Funktionen an der Maschine auszuführen. Dazu gehören das Einstellen oder Verändern der Magnetströme oder die Bedienung der zur Beschleunigung erforderlichen Senderanlagen. Zum anderen braucht der Operateur sofort eine möglichst vollständige Informa-

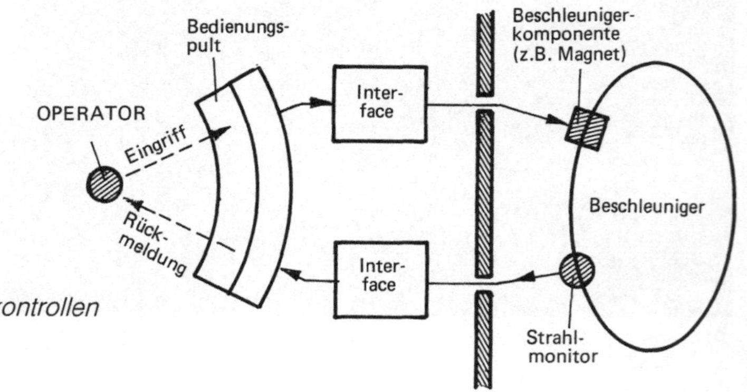

Bild 16: Prinzip der Beschleunigerkontrollen

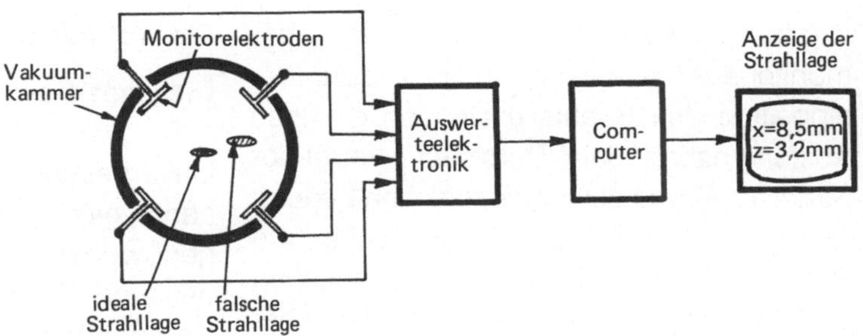

Bild 17: Prinzip eines Strahl-
lagemonitors

tion über den Status des Beschleunigers und den Zustand des beschleunigten Strahls.

Die Anweisungen des Operators werden vom Bedienungspult über „Interfaces" an die einzelnen Beschleunigerkomponenten übertragen und dann ausgeführt. Die Rückmeldung des Strahlzustands wird von speziellen Monitoren gemessen und über andere Interfaces an den Kontrollraum zurückgemeldet. Dadurch entsteht eine geschlossene Schleife, die den Operator über jede Veränderung des Strahlzustandes als Folge eines gewollten Eingriffs informiert (Bild 16).

Als Beispiel für einen Strahlmonitor soll das Prinzip der Strahllagemessung erläutert werden. Das wichtigste dabei ist, daß die relative Position des Strahls in der Vakuumkammer ohne Beeinträchtigung des Strahls gemessen wird. Das Prinzip ist in Bild 17

Bild 18: Ansicht eines Bedienungspultes für Beschleuniger

skizziert. Im wesentlichen besteht ein Lagemonitor aus vier Elektroden, die alle zur Idealposition des Strahls exakt den gleichen Abstand haben. Beim Durchlauf erzeugt der Strahl auf Grund seiner elektrischen Ladung in den Elektroden Spannungsimpulse, die alle gleich groß sind, wenn der Strahl richtig liegt. Verschiebt er sich, so liefern die näher am Strahl liegenden Elektroden höhere und die gegenüberliegenden entsprechend niedrigere Impulse, die in der nachfolgenden Elektronik verglichen werden. Aus der Differenz kann dann die Verschiebung des Strahls berechnet werden. In einem Beschleuniger sind im allgemeinen viele derartiger Monitore installiert. Korrigiert wird die Strahllage durch kleine, ebenfalls gleichmäßig verteilte Korrekturmagnete, deren Ströme aus den Werten der Strahllagemessung mit Hilfe eines Computers berechnet werden.

Während die ersten Beschleuniger direkt durch eine große Zahl von Drehknöpfen im Kontrollraum gesteuert wurden, wird heute die Steuerung durch wenige Eingabeelemente über einen oder mehrere Computer vorgenommen. Die jeweilige Aktion wird auf einigen Bildschirmen zusammen mit wichtigen Daten dargestellt (Bild 18). Dadurch ist es möglich, die Vielzahl von Daten nach sinnvollen Kriterien zusammenzufassen, was durch spezielle Programme erreicht wird. Außerdem hat sich durch den Einsatz der Computer die Anzahl der teilweise sehr langen und teuren Kabel zwischen dem Kontrollraum und einzelnen Komponenten des Beschleunigers drastisch reduziert, was vor allem bei großen Anlagen die Kosten gesenkt hat.

Die wichtigsten Beschleunigertypen

Die Linearbeschleuniger

Linearbeschleuniger, kurz auch „Linac" genannt, gibt es für verschiedene Anwendungen, wobei als Teilchen Elektronen, Protonen und Schwerionen verwendet werden. Das grundsätzliche Prinzip eines Linearbeschleunigers wurde 1925 von dem Schweden Ising vorgeschlagen. Drei Jahre später gelang Rolf Wideröe der erste erfolgreiche Test dieses Prinzips. In den Jahren 1933 und 1934 setzten Jesse Wakefield Beams und seine Mitarbeiter an der Universität von Virginia die Entwicklung des Linacs mit ersten Studien von Hohlleiterstrukturen, den sogenannten „Runzelröhren", fort. Gleichartige Untersuchungen wurden ab 1930 von William Webster Hansen an der Stanford Universität durchgeführt, wobei erstmals Klystronröhren als Treiber eingesetzt wurden. Diese ersten Linacs beschleunigten Elektronen. Mit der Entwicklung von Protonen-Linacs begannen Luis Walter Alvarez und Wolfgang K. H. Panofsky nach dem zweiten Weltkrieg.

Elektronenlinacs

Der typische Aufbau eines Elektronenlinacs ist in Bild 19a skizziert. Die Elektronen werden aus einer Glühkathode emittiert, die meist im Impulsbetrieb läuft. Das bedeutet, daß eine beschleunigende Spannung zwischen der Kathode und der Anode nur für einige Microsekunden eingeschaltet wird, und nur innerhalb dieser Zeit werden Elektronen emittiert und beschleunigt. Die Elektronen, die sehr schnell nahezu Lichtgeschwindigkeit erreichen, durchlaufen danach verschiedene Beschleunigungsabschnitte, die aus Runzelröhren bestehen. Die erforderliche Hochfrequenzleistung wird meist aus Klystrons gewonnen, die ebenfalls im Pulsbetrieb laufen. Für die kurze Dauer der Beschleunigung liefern solche

Röhren Leistungen von einigen 10 MW. Die erreichte Endenergie hängt von der Länge des Beschleunigers ab. Der größte Linearbeschleuniger steht in Kalifornien und hat eine Länge von 3 km, was eine Teilchenenergie bis 50 GeV ermöglicht.

Die Strahlfokussierung in einem Linearbeschleuniger geschieht am Anfang, wenn die Teilchenenergie noch relativ gering ist, durch lange zylindrische Spulen. Nachdem der Strahl etliche Beschleunigungsstrecken durchlaufen hat und damit höhere Energie besitzt, werden die effektiveren Quadrupolmagnete eingesetzt. Am Ende des Beschleunigers stehen häufig Ablenkmagnete, um die Strahlen zu verschiedenen Experimenten zu lenken.

Der Positronenlinac ist zweistufig und besteht eigentlich aus zwei hintereinandergeschalteten Beschleunigern (Bild 19 b). Der erste ist ein ganz normaler Elektronenlinac, der Elektronen auf eine Energie von einigen hundert MeV beschleunigt. Dann werden sie auf ein Wolframtarget, den sogenannten „Konverter", geschossen, und aus diesem treten dann die erzeugten Elektronen und Positronen aus. Deren Energie liegt um 10 MeV. Dahinter ist ein zweiter, sehr ähnlich gebauter Linac installiert, der den Konverter als eine Art „Positronenkathode" benutzt und dessen beschleunigende elektrische Felder entgegengesetzt gepolt sind, so daß sie die positiv geladenen Positronen beschleunigen, während die Elektronen abgebremst werden. Am Ende des Beschleunigers stehen somit ausschließlich Positronen der geforderten Energie zur Verfügung.

Elektronenlinacs werden auch in sehr kompakter Form gebaut mit Längen unter einem Meter. Sie bestehen im wesentlichen aus einem kurzen Stück einer Runzelröhre, an dessen einem Ende die Kathode und am anderen ein Metalltarget montiert sind. Die Hochfrequenzspannung wird meist einem Magnetron entnommen, wie es auch in der Radartechnik im Einsatz ist. Besondere Fokussierung ist wegen der geringen Länge nicht erforderlich. Die auf einige MeV beschleunigten Elektronen treffen auf das Target und erzeugen dabei Röntgenstrahlung, die vor allem bei Materialprüfung industriell eingesetzt wird.

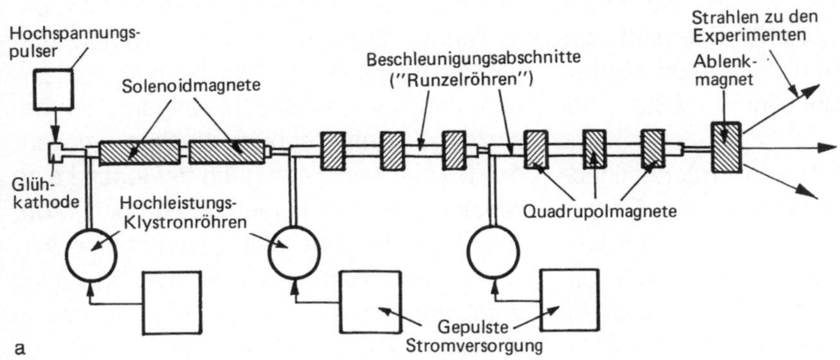

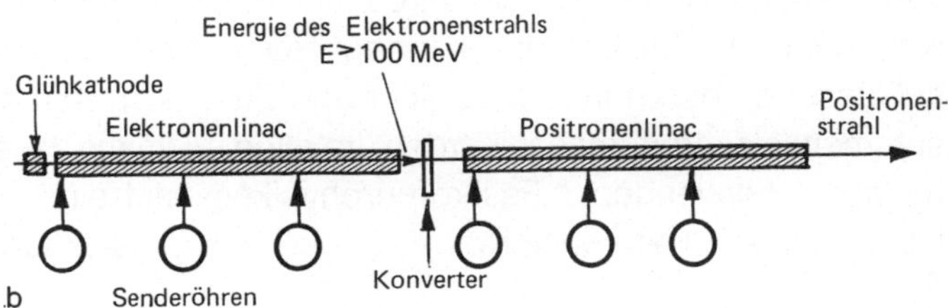

Bild 19: (a) Prinzipieller Aufbau eines Linearbeschleunigers für Elektronen (b) Prinzip eines Linacs zur Erzeugung und Beschleunigung von Positronen. Der Positronenlinac ist praktisch ein umgepolter Elektronenlinac

Protonenlinac

Der Protonenlinac besteht aus Ionenquelle, Vorbeschleuniger und Hochfrequenzbeschleuniger. Die in der Ionenquelle erzeugten Protonen werden mit Hilfe von Gleichspannung vorbeschleunigt. Im allgemeinen werden die Protonen hierbei auf Energien zwischen 450 und 750 keV gebracht. Anschließend werden die Protonen mit Hilfe eines Wechselfeldes in einer Alvarez-Struktur (Bild 12) weiterbeschleunigt. Die Protonen können mit einem Alvarez-Linearbeschleuniger bis auf 200 MeV gebracht werden. Oberhalb dieser Energie wird die Alvarez-Struktur sehr ineffektiv. Von der in die Struktur eingespeisten Gesamtleistung steht dann nur ein geringer Teil für die Beschleunigung des Protonenstrahls zur Verfügung. Die Hochfrequenzleistung wird meistens durch Triodenröhren erzeugt. Wie Elektronenlinacs, so arbeiten auch Protonenlinac im Pulsbetrieb. Die Fokussierung des Protonenstrahls in der Alvarez-Struktur erfolgt durch Quadrupolmagnete in den Driftröhren. Protonenlinacs werden meistens als Injektoren in große Protonenkreisbeschleuniger eingesetzt. Dort können Protonen bis auf 1000 GeV beschleunigt werden. Mit Protonenlinacs können solche Energien aus technischen Gründen nicht erreicht werden. Ein 1000-GeV-Protonenlinac müßte über 500 km lang sein.

Neben dem Einsatz von Protonenlinacs als Injektoren gibt es noch andere Anwendungsmöglichkeiten. Als Beispiel soll kurz die *Spallations-Neutronenquelle* (SNQ) beschrieben werden: Neutronen sind heute für die Untersuchung von Festkörpern ein wichtiges Analysemittel. Durch Streuung der Neutronen in Festkörpern können Rückschlüsse auf deren innere Struktur und Zusammensetzung gemacht werden. Im allgemeinen verwenden Festkörperphysiker Neutronen aus Kernreaktoren.

Eine andere Möglichkeit, Neutronen zu erhalten, ist die durch Spallation. Hierbei werden Protonen auf ein Target, bestehend aus neutronenreichen Elementen wie Blei oder Uran, geschossen. Beim Auftreffen der Protonen auf die schweren Targetatomkerne zerplatzen diese. Dabei wird eine große Anzahl von Neutronen frei, die von den Festkörperphysikern für Untersuchungen genutzt werden können. Dieses Verfahren liegt der Spallations-Neutronenquelle zugrunde. Mit Hilfe eines Linearbeschleunigers wird ein starker Protonenstrahl auf ein neutronenreiches Target geschossen. Ein Vorteil dieser Methode ist, daß man mit gepulstem Protonenstrahl auch gepulste Neutronenströme auslösen kann. Diese sind für viele Experimente sehr interessant.

Schwerionenlinac

Der Schwerionenlinac unterscheidet sich nicht wesentlich von einem Protonenlinac. Wichtigster Unterschied ist, daß schwere Ionen wegen ihrer hohen Masse viel langsamer als Protonen beschleunigt werden können. Nach einer Vorbeschleunigung durch Gleichspannung werden die Ionen zunächst mit Hilfe einer Wideröe-Struktur (Bild 11) beschleunigt. Danach folgt eine Alvarez-Struktur. Zur Variation der Geschwindigkeit werden am Ende des Beschleunigers mehrere einzellige Beschleunigerstrecken verwendet. Da die Beschleunigung der Ionen im so wirkungsvoller ist, je mehr Elektronen in der Atomhülle des Ions fehlen, baut man an verschiedenen Stellen im Schwerionenlinac Vorrichtungen ein, die weitere Elektronen aus der Atomhülle der Ionen entfernen. Hierzu dient eine dünne Kohlenstoff-Folie oder ein Gas-Strahl, die weitere Elektronen vom Ion abstreifen. Mit Hilfe von Schwerionenlinacs lassen sich selbst schwerste Ionen auf eine Energie von 20 MeV pro Nukleon beschleunigen.

Die Kreisbeschleuniger

In Kreisbeschleunigern spielen Ablenkmagnete eine dominierende Rolle, da sie dafür sorgen, daß die Teilchen auf eine geschlossene, nahezu kreisförmige Bahn gebogen werden. Die wichtigsten Kreisbeschleuniger werden im folgenden näher beschrieben.

Das Zyklotron

Der erste, heute allgemein als „Zyklotron" bezeichnete Kreisbeschleuniger wurde 1930 von Earnest Orlando Lawrence an der Universität von Kalifornien vorgeschlagen. Ein Jahr später gelang es Milton Stanley Livingston, prinzipiell die Funktion eines derartigen Beschleunigers zu demonstrieren. Beide zusammen bauten 1932 das erste auch praktisch für Experimente nutzbare Zyklotron, das eine Spitzenenergie von 1,2 MeV hatte.

Ein Zyklotron besteht aus einem großen Eisenmagneten, der im Spalt zwischen den Polen ein starkes Magnetfeld bis zu 2 Tesla erzeugt, das konstant gehalten wird (Bild 20). Der Strahl läuft parallel zu den Polen auf einer Ebene um, die genau in der Mitte zwischen den Polen liegt. Die zu beschleunigenden Teilchen werden im Zentrum zwischen den Polen in einer Ionenquelle erzeugt und laufen bei zunächst sehr kleiner Energie auf sehr engen Kurven um.

Mit steigender Energie wird die Biegung der Bahn immer schwächer, so daß die Teilchen auf einer Spiralbahn immer weiter nach außen laufen, bis sie bei der maximal möglichen Energie den Rand des Magneten erreicht haben. An dieser Stelle ist dann der sogenannte „Deflektor" installiert, der mit Hilfe eines elektrischen Feldes den Strahl aus dem Beschleuniger auslenkt.

Um den Strahl beschleunigen zu können, sind zwischen den Polen des Magneten zwei D-förmige Elektroden eingebaut, die zusammen eine Art flache Dose bilden, die in der Mitte geteilt ist. Der Strahl läuft immer innerhalb dieser Dose um. Durch einen Hochfrequenzsender wird zwischen den beiden Dosenhälften, die auch als „Dees" bezeichnet werden, eine hohe Wechselspannung angelegt. Jedesmal, wenn die Teilchen von einem Dee zum anderen wechseln, durchlaufen sie das im Spalt herrschende starke elektrische Feld, in dem sie beschleunigt werden. Aufgrund der dadurch erreichten höheren Geschwindigkeit durchlaufen sie danach einen Halbbogen mit größerem Radius und entsprechend längerem Umfang. Die Zeit, die die Teilchen zwischen zwei Spaltdurchläufen brauchen, ist dabei immer exakt gleich. Daher ist auch die Frequenz der von dem Sender gelieferten Wechselspannung immer konstant. Sie liegt um 10 MHz, die erforderliche Leistung beträgt bis 100 kW.

Das klassische Zyklotron beschleunigt Protonen, Deuteronen und Alfa-Teilchen, wobei Protonen und Deuteronen auf eine Energie von 22 MeV gebracht werden kön-

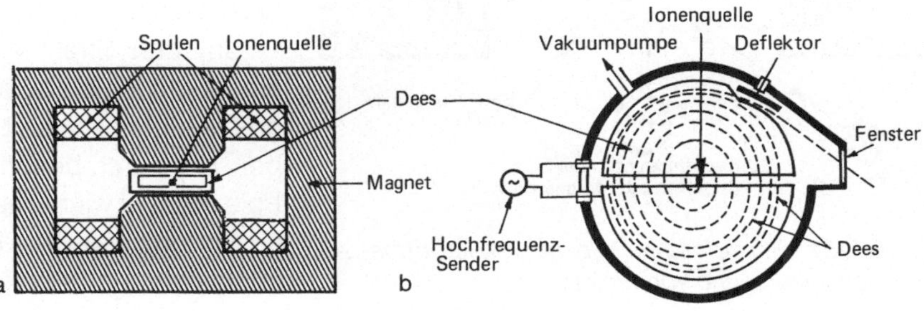

Bild 20: Querschnitt durch ein Zyklotron (a) und Draufsicht auf die Beschleunigungskammer mit den „Dees" (b)

nen, während mit Alfa-Teilchen etwa 44 MeV erreicht werden. Das sind also Energien, bei denen die Teilchen noch deutlich langsamer sind als die Lichtgeschwindigkeit ($v = 0,15\,c$). Inzwischen wurden Spezialformen des Zyklotrons entwickelt, die sowohl das Magnetfeld wie auch die Hochfrequenz beim Beschleunigen verändern. Dadurch ist es möglich, auch Teilchen bis in den Bereich der Lichtgeschwindigkeit zu beschleunigen, was Strahlenergien bis 600 MeV entspricht.

Racetrac-Microtron

Das Microtron ist im Prinzip ein Zyklotron, das aber speziell für Elektronen optimiert ist, die schon bei relativ kleinen Energien praktisch Lichtgeschwindigkeit erreichen. Bei jedem Umlauf wird mit wachsender Energie der Bahnradius größer, da sich aber die Geschwindigkeit praktisch nicht mehr ändert, nimmt die Umlaufsfrequenz ständig ab. Daher ist eine Beschleunigung mit einem bei relativ niedriger Frequenz betriebenen Dee nicht möglich. Stattdessen benutzt man kurze Beschleunigungsabschnitte wie in einem Linac, die bei einer sehr hohen Frequenz (einige GHz) betrieben werden. Dann muß nur der Umfang jeder Bahn immer gerade ein ganzzahliges Vielfaches der Wellenlänge sein.

Eine heute häufig benutzte Variante ist das „Racetrac-Microtron, bei dem der Magnet in zwei Hälften geteilt ist, zwischen denen ein Abstand eingehalten wird (Bild 21). In diesen Abstand lassen sich leicht die beschleunigende Linacstruktur und weitere Elemente zur Strahlfokussierung einbauen. Benutzt werden Racetrac-Microtrons vor allem als kompakte, preisgünstige Vorbeschleuniger, wobei Energien bis 100 MeV relativ leicht erreicht werden.

Das Betatron

Während beim Zyklotron und beim Microtron das Magnetfeld zeitlich konstant gehalten wird, wird beim Betatron die Stärke des Magnetfeldes während des Beschleunigens laufend erhöht, so daß die Strahlbahn örtlich konstant bleibt (Bild 22). Beim Beschleunigen erzeugt das zeitlich veränderliche Magnetfeld in Richtung des umlaufenden Elektronenstrahls ein elektrisches Feld, das den Strahl beschleunigt. Eine spezielle Beschleunigungsstruktur ist also nicht erforderlich. Im Prinzip handelt es sich um eine Art Transformator, bei dem der Strahl quasi die Sekundärwindung darstellt.

Im Jahre 1940 wurde das erste nach diesem Prinzip arbeitende Betatron von Donald William Kerst an der Universität von Illinois gebaut. Es beschleunigte Elektronen auf eine Energie bis zu 2,3 MeV. Zwei Jahre später wurde von Kerst bereits ein 20-MeV-Betatron realisiert.

Um den Strahl senkrecht zur Ausbreitungsrichtung stabil zu halten, muß das Magnetfeld radial einen bestimmten Verlauf haben, der durch besondere Formgebung der Pole erreicht wird. Das bewirkt eine Strahlfokussierung um die ideale Bahn. In diesem fokussierenden Feld – und das ist typisch

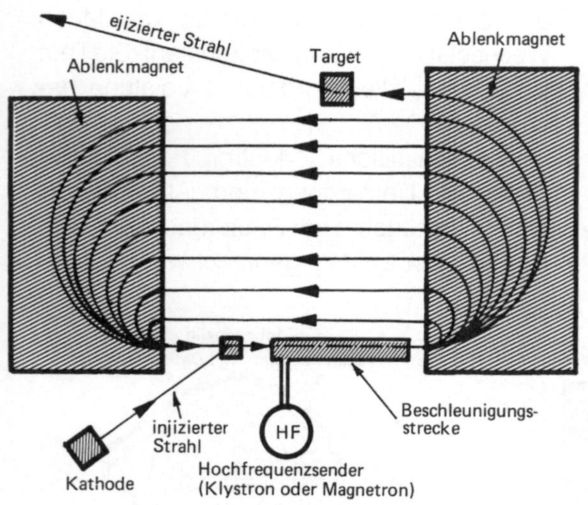

Bild 21: Prinzip eines Racetrac-Microtrons zur Beschleunigung von Elektronen

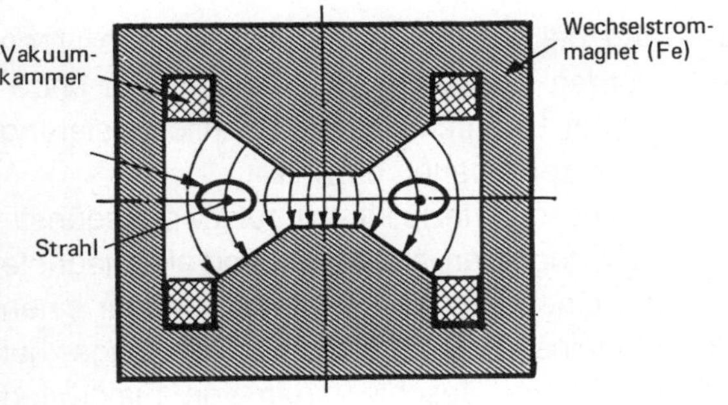

Bild 22: Querschnitt durch ein Betatron zur Beschleunigung von Elektronen auf einer ortsfesten Bahn

für jede Art von Teilchenfokussierung – führen die Teilchen senkrecht zur Bahn Schwingungen aus, die man als „Betatronschwingungen" bezeichnet. Nach Erreichen der Endenergie werden die Elektronen durch elektrische oder magnetische Felder ausgelenkt und auf ein Metalltarget geschossen. Dabei entsteht härtere Röntgenstrahlung, die für medizinische und technische Zwecke genutzt wird.

Das Synchrotron

Die Erforschung der Elementarteilchen erforderte immer höhere Teilchenenergien, die mit den bisher beschriebenen Kreisbeschleunigern nicht zu erreichen waren. Aus diesem Grunde wurde das Synchotron entwickelt, dessen Prinzip 1945 fast gleichzeitig von Edwin Mattison McMillan an der Universität von Kalifornien und von Vladimir Iosifovich Veksler in der Sowjetunion beschrieben wurde. Noch im selben Jahr wurde der Bau des ersten 320-MeV-Elektronen-Synchrotrons an der Universtität von Kalifornien begonnen. 1946 gelang es Frederic G. Gouard und Douglas E. Barnes in England, an einer sehr kleinen Maschine mit einer Endenergie von 8 MeV erstmals experimentell nachzuweisen, daß ein Synchrotron so arbeitet, wie theoretisch vorhergesagt worden war. Ab Ende der fünfziger Jahre wurden dann eine ganze Reihe von Synchrotronen zur Beschleunigung sowohl von Elektronen als auch von Protonen weltweit konzipiert und errichtet.

Um sehr hohe Energien zu erzielen, muß der Bahndurchmesser bei den technisch realisierbaren Magnetfeldern groß sein. Das läßt sich durch einen einzelnen Magneten nicht mehr realisieren. Deshalb verwendet man zunächst kompakte Ablenkmagnete,

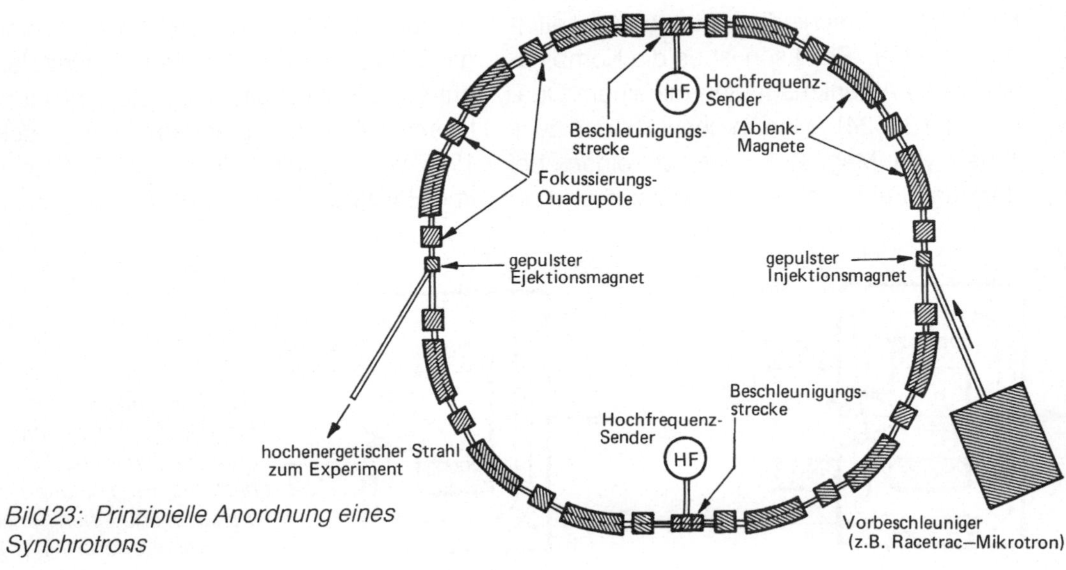

Bild 23: Prinzipielle Anordnung eines Synchrotrons

die in einer kreisförmigen Anordnung aufgestellt sind und den Strahl zu einer geschlossenen Bahn umlenken (Bild 23). Zwischen den Magneten bleibt Platz für eine oder mehrere Beschleunigungsstrecken (Cavities). Da bei dieser Anordnung die Teilchenbahn örtlich fest vorgegeben ist, muß während der Beschleunigung das Magnetfeld „synchron" mit der Energie hochgefahren werden.

Die Beschleunigung erfolgt in den Cavities. Normalerweise werden die Magnete mit Wechselstrom periodisch zwischen dem minimalen und dem maximalen Feld hin- und hergefahren. Da das Synchrotron nicht bis zu beliebig kleiner Energie arbeiten kann, muß der Teilchenstrahl in einem Vorbeschleuniger (Linac oder Racetrac-Microtron) vorbeschleunigt und beim minimalen Magnetfeld in das Synchrotron eingeschossen werden. Mit hochfahrendem Magnetfeld wird beschleunigt, und nach Erreichen der Endenergie wird schließlich der Strahl durch einen sehr schnellen gepulsten Magneten ausgelenkt und durch einen Strahltransportweg zum Experiment geleitet.

Der Teilchenstrahl muß bei seinen vielen tausend Umläufen gut fokussiert werden. Dazu bedient man sich im einfachsten Fall spezieller Ablenkmagnete, die in radialer Richtung unterschiedlich starke Magnetfelder erzeugen. Praktisch ist es die Kombination eines Ablenkmagneten mit einem Quadrupol (Bild 24). Man braucht dabei zwei Typen von Magneten, nämlich einen, bei dem das Feld nach außen ansteigt, und einen, bei dem es abfällt. Diese beiden Typen werden abwechselnd hintereinander angeordnet. Dadurch wird die Strahlfokussierung in beiden Ebenen bewirkt.

Dieses Prinzip führt zu relativ preisgünstigen Magneten, außerdem sind alle Magnete in Reihe geschaltet, und man hat nur einen gemeinsamen Stromkreis. Allerdings hat man beim Beschleunigen von Elektronen den Nachteil, daß die horizontalen Betatronschwingungen der Teilchen entdämpft sind, was zu großen Strahlquerschnitten führt. Daher trennt man bei modernen Elektronensynchrotrons Ablenkung und Fokussierung und verwendet einzelne Ablenkmagnete und Quadrupole.

Vor allem bei der Erforschung der Elementarteilchen oder als leistungsfähige Vorbeschleuniger werden Synchrotrons vielseitig verwendet, sowohl zur Beschleunigung von Elektronen wie auch von Protonen. Die erreichten Energien liegen bei Elektronen um 10 GeV, während bei Protonen schon fast 1000 GeV erreicht wurden. Das ist allerdings nur mit supraleitenden Magneten möglich.

Speicherringe

Die Idee, Teilchen in einem Kreisbeschleuniger bei konstanter Energie möglichst lange ohne große Intensitätsverluste umlaufen zu lassen, also zu speichern, wurde schon 1943 von Rudolf Kollath, Bruno Touschek und Rolf Wideröe geäußert. Es dauerte dann

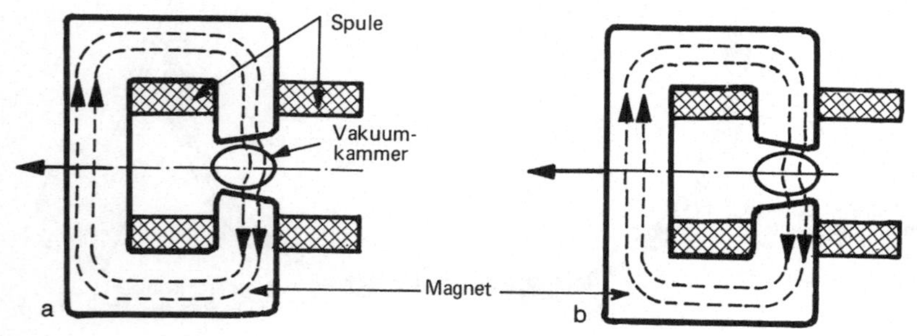

Bild 24: Kombinierte Magnete zur Ablenkung und Fokussierung eines Synchrotrons. Es gibt einen vertikal (a) und einen horizontal fokussierenden Typ (b)

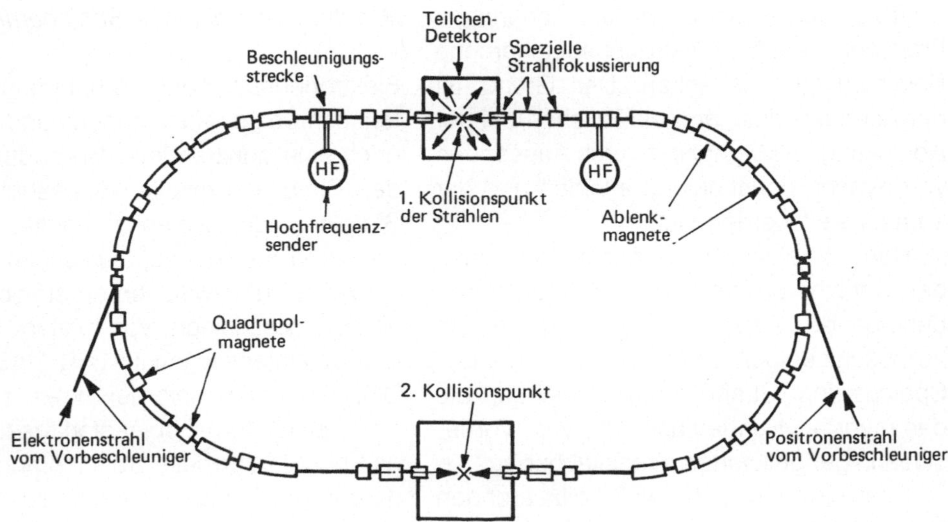

Bild 25: Prinzip eines Speicherrings für Elementarteilchenforschung. Die spezielle Strahlfokussierung auf beiden Seiten der Kollisionspunkte dient dazu, den Strahlquerschnitt hier extrem klein zu machen. Dadurch wird die Stoßrate erheblich gesteigert.

aber noch 13 Jahre, bis Donald W. Kerst 1955 und kurz darauf auch Gerry O'Neill detailliertere Vorschläge zum Bau eines dazu geeigneten Beschleunigers machten. Ab 1958 wurden in Stanford und in Moskau Pläne für den Bau derartiger Anlagen ausgearbeitet. Der erste erfolgreiche Versuch, einen Elektronenstrahl für längere Zeit zu speichern, gelang 1961 in Italien am kleinen Speicherring A. d. A.

Seither wurden viele Speicherringe gebaut, die sich zunächst in der Elementarteilchenphysik als äußerst erfolgreiche Instrumente erwiesen. Das Prinzip eines Speicherrings ist in Bild 25 skizziert. Im eigentlichen Sinn ist er gar kein Beschleuniger, denn die Teilchenenergie wird sehr konstant gehalten. Sinn eines Speicherrings ist es, möglichst intensive Teilchenstrahlen ohne nennenswerte Verluste viele Stunden umlaufen zu lassen. So können Elektronen und Positronen auf Grund ihrer entgegengesetzten Ladung in derselben Magnetstruktur in entgegengesetzter Richtung umlaufen. Sie kollidieren an bestimmten Stellen, wobei einzelne Teilchen die gewünschten oben erwähnten Stoßprozesse machen und dabei neue Teilchen erzeugen. Das geschieht allerdings pro Umlauf nur mit sehr wenigen Teilchen, die meisten fliegen aneinander vorbei, so daß der Strahl durch den Stoßprozeß praktisch nicht beeinflußt wird. Dieselben Strahlen können daher sehr lange umlaufen und bei jedem Umlauf erneut kollidieren.

Die lange umlaufenden Strahlen sind „gespeichert", was den Namen des Beschleunigers erklärt. Um das zu erreichen, baut man Maschinen, die im Prinzip wie ein Synchrotron gebaut sind, aber mit erheblich höheren Anforderungen an die Strahlfokussierung, weil sonst die Teilchen zu nahe an die Vakuumkammer kommen und dann verlorengehen. Außerdem sollen die Strahlen an den Kollisionsstellen besonders stark fokussiert werden, um die Trefferwahrscheinlichkeit zu erhöhen. Daneben wird ein Vakuum gefordert, das mindestens 1000mal besser ist als in einem Synchrotron. Dadurch werden Teilchenverluste durch Streuung an den noch vorhandenen Gasatomen stark reduziert.

Trotz der konstanten Teilchenenergie brauchen auch Elektronenspeicherringe Beschleunigungsstrecken. Der Grund ist der Energieverlust, den die Teilchen bei der Ablenkung im Magnetfeld durch Aussenden von Synchrotronstrahlung erleiden und der kompensiert werden muß.

Hohe Strahlströme erreicht man dank des Speicherprinzips durch viele aufeinanderfolgende Strahlinjektionen aus einem Vorbeschleuniger. So lassen sich in einem Speicherring Strahlströme erreichen, die das mehr als Hundertfache der vom Vorbeschleuniger gelieferten Intensität haben.

Speicherringe mit zwei kollidierenden Strahlen gibt es bisher für folgende Teilchensorten:

Elektronen auf Positronen	DORIS II und PETRA bei DESY in Hamburg LEP beim CERN in Genf (im Bau)
Protonen auf Protonen	ISR beim CERN in Genf (wird nicht mehr betrieben)
Protonen auf Antiprotonen	SPS beim CERN in Genf
Elektronen auf Protonen	HERA bei DESY in Hamburg (im Bau)

Elektronenspeicherringe wurden bis 23 GeV bereits betrieben und Anlagen bis circa 100 GeV sind im Bau oder in der Planung (so etwa LEP beim CERN). Für Protonen werden bereits Maschinen mit Energien oberhalb 1000 GeV geplant.

Synchrotronstrahlungs-Speicherringe

Elektronenspeicherringe haben in den letzten Jahren in stark zunehmendem Maße noch eine ganz andere Anwendung gefunden. Die beim Umlaufen des sehr intensiven Strahls in den Ablenkmagneten emittierte Synchrotronstrahlung, die zunächst nur Abfall war, wird inzwischen an einigen existierenden Maschinen von vielen Forschergruppen intensiv genutzt (z. B. HASYLAB an DORIS II). Die Anforderungen sind aber auch auf diesem Gebiet stark gestiegen, so daß bereits spezielle Speicherringe gebaut oder in der Planung sind, die für die Erzeugung von Synchrotronstrahlung geeigneter Qualität optimiert wurden. Zu nennen sind hier BESSY in Berlin und das geplante europäische Projekt *European Synchrotron Radiation Facility* (ESRF).

Der Energiebereich dieser Speicherringe liegt je nach gewünschtem Strahlungsspektrum zwischen 0,5 und 5 GeV. Eine besondere Anforderung wird dabei an die Fokussierung des Strahls gestellt, damit eine nahezu punktförmige Strahlungsquelle erzielt wird. Das ist für Experimente mit sehr hoher Ortsauflösung sehr wichtig. Außerdem wird die Strahlung nicht mehr den Ablenkmagneten entnommen, sondern speziellen „Wiggler-Magneten" (Bild 26 und 27). Das ist eine Anordnung vieler sehr kurzer Ablenkmagnete abwechselnder Polarität. Die eigentliche Strahlablenkung ist dabei sehr klein, die entstehende Strahlung summiert sich aber zu hoher Intensität, die zu-

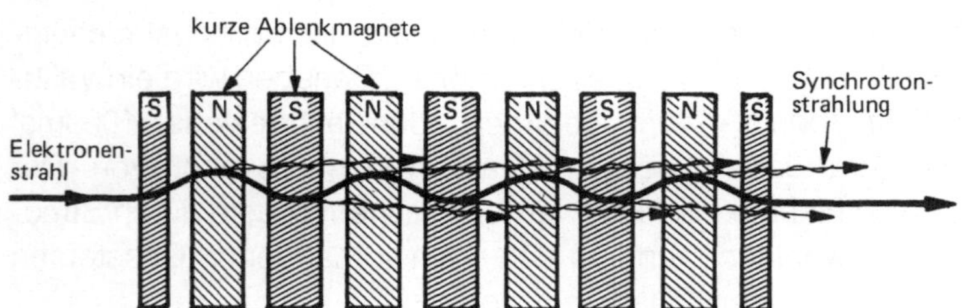

Bild 26: Prinzip eines Wigglermagneten zur Erzeugung einer sehr intensiven und scharf nach vorn gebündelten Synchrotronstrahlung

Bild 27: Wigglermagneten beim Deutschen Elektron-Synchrotron in Hamburg

dem scharf nach vorn gebündelt ist. Das gibt einen Intensitätsgewinn am Experiment um mehr als den Faktor 100. Deshalb müssen Synchrotronstrahlungsspeicherringe relativ lange freie Bereiche haben, in denen solche Wiggler eingebaut werden.

Konzepte zukünftiger Beschleuniger für ultra-hohe Energien

Heutzutage wird Hochenergiephysik mit Beschleunigern durchgeführt, die zwar gute Dienste geleistet haben, in der erreichbaren Endenergie jedoch limitiert sind. Bei Leptonen-Beschleunigern ist die Synchrotronstrahlung der begrenzende Faktor, bei Hadronen-Maschinen die Stärke der Magnetfelder, die benötigt werden, um die Teilchen

auf ihrer Umlaufbahn zu halten. Vor diesem Hintergrund führte die Suche nach Maschinen zur Beschleunigung auf immer höhere Energien wieder zu Linearbeschleunigern. Damit diese nicht unrealistisch lang sind, muß der Beschleunigungsgradient (der Energiegewinn des Teilchens pro Längeneinheit des Beschleunigers) viel höher sein, als bisher üblicherweise in Linearbeschleunigern erreicht. Die Suche nach hohen Beschleunigungsgradienten führte zu verschiedenen Ideen, welche alle darauf beruhen, kürzere Wellenlängen für das Beschleunigungsfeld zu verwenden.

Die Größe der Beschleunigungsstrukturen wächst mit der Wellenlänge, so daß ein Weg darin besteht, zu höheren Frequenzen zu gehen, wobei konventionelle Radiofrequenztechniken benutzt werden. Das Hauptproblem dabei ist eine geeignete Hochenergieversorgung, die bei hohen Frequenzen arbeitet. Die Forderung der Experimentatoren nach hoher Luminosität des Teilchenstrahls bedeutet, daß der Beschleuniger mit sehr großer Hochfrequenzleistung versorgt werden muß. Eine Studie konventioneller Beschleunigungsstrukturen mit Energieversorgung über sehr kurze Radiofrequenzpulse wird am Stanford Linear Accelerator Center durchgeführt.

Einen großen Sprung in der benutzten Frequenz würde ein „Free Electron Laser" als leistungsfähige Quelle von Mikrowellenstrahlung bedeuten. Die Beschleunigungsstrukturen könnten dabei einen Durchmesser von nur Millimetergröße haben und wären immer noch groß genug, um mechanisch hergestellt zu werden. Einen noch größeren Sprung in der Frequenz bedeutet der Übergang zu optischen Wellenlängen. In diesem Falle hätten die Beschleunigungsstrukturen große Ähnlichkeit mit optischen Gittern, und es müßten vollständig andere Herstellungstechniken angewendet werden. Die Hochfrequenzleistung liefert in diesem Fall ein optischer Hochleistungslaser. Sehr hohe Beschleunigungsgradienten bedeuten jedoch auch sehr hohe Energiedichte in der Beschleunigungsstruktur; unter intensiver Laserstrahlung würde die Beschleunigungsstruktur rasch zerstört. Deswegen wurde im Brookhaven National Laboratory eine flexible Beschleunigungsstruktur vorgeschlagen, etwa eine Reihe von Tröpfchen, die in die Beschleunigungskammer eingespritzt und mit jedem Puls des Beschleunigers aufgefüllt werden.

Ein anderes Beschleunigungsprinzip zur Erzeugung von hochenergetischen Elektronen und Positronen würde ebenfalls den Energieaufwand und die Maße einer Anlage stark reduzieren. Es beruht auf der Idee, die Streufelder eines Elektronenstrahls mit ringförmigem Querschnitt – sogenannte wakefields – auf ein kleines Volumen zu komprimieren, wobei für sehr kurze Zeiten sehr hohe Feldstärken entstehen. Durch diese Bereiche wird dann zum richtigen Zeitpunkt der zu beschleunigende Strahl geschossen. Ein solches Verfahren wird derzeit bei DESY getestet.

Eine andere Methode zur Erzeugung beschleunigender elektrischer Felder sehr hoher Frequenz besteht darin, den Weg der Teilchen leicht zu krümmen, beispielweise in einem Wigglermagnet, so daß die Teilchen mit der elektromagnetischen Strahlung im freien Raum wechselwirken können. Auf diese Art können geladene Teilchen mit starken transversalen elektrischen Feldern eines intensiven Laserstrahls beschleunigt werden. Eine solche Vorrichtung nennt man „Inverse Free Elektron Laser". Da die Teilchen in einer solchen Vorrichtung jedoch abgelenkt werden, wird die Maximalenergie wieder begrenzt durch die Synchrotronstrahlung, welche auch die obere Grenze für die erreichbare Energie in Kreismaschinen bestimmte.

Das Problem der Erzeugung und Kontrolle starker elektrischer Felder für die Hochgradienten-Beschleunigung beschäftigt auch die Plasmaphysiker. Wenn eine Welle durch ein Plasma fortschreitet, ist dessen Gleichgewichtszustand mit neutraler Ladung gestört. Es werden Regionen mit intensiven lokalen elektrischen Feldern erzeugt. Eine Technik, die als Plasma-Streufeld-Beschleunigungsprinzip bezeichnet wird, verwendet Laserstrahlen unterschiedlicher Frequenz, um solche Wellen durch das Plasma zu treiben. Die Laser werden so abgestimmt, daß ihr Frequenzunterschied gleich der Resonanzfrequenz des Plasmas ist. Dadurch wird ein strukturierter Kanal im Plasma geformt, in dem die starken elektrischen Felder einen Strahl geladener Teilchen resonant beschleunigen können. Die Bedingungen, unter denen dieser Prozeß auftreten könnte, werden in verschiedenen Labors auf der ganzen Welt untersucht.

Beschleuniger und ihre Anwendungen

Teilchenbeschleuniger in Biologie und Medizin

WOLFGANG POHLIT und GERHARD KRAFT

Große Teilchenbeschleuniger wurden ursprünglich für die physikalische Forschung entwickelt. Sie werden heute aber auch in steigendem Maße für verschiedene Fragestellungen der biologischen und medizinischen Forschung eingesetzt, wie hier anhand einiger Beispiele gezeigt werden soll. So werden Untersuchungen über die Strukturen in biologischen Systemen mit Synchrotronstrahlung und mit schweren Ionen durchgeführt. Am Beispiel der Tumortherapie mit Beschleunigern wird demonstriert, wie in Zusammenarbeit zwischen Forschungsinstituten und der Fachindustrie speziell für die medizinische Anwendung besonders geeignete Beschleuniger konstruiert werden können, die dann zu einem wesentlichen Fortschritt in der Therapie führen.

Untersuchungen über biologische Strukturen mit Synchrotronstrahlung

Bewegt sich ein geladenes Teilchen, z. B. ein Elektron, auf einer Kreisbahn, so tritt ständig eine starke Beschleunigung zum Mittelpunkt des Kreises auf. Als Folge dieser Kreisbeschleunigung sendet das Teilchen eine elektromagnetische Strahlung (Synchrotronstrahlung) in seine momentane

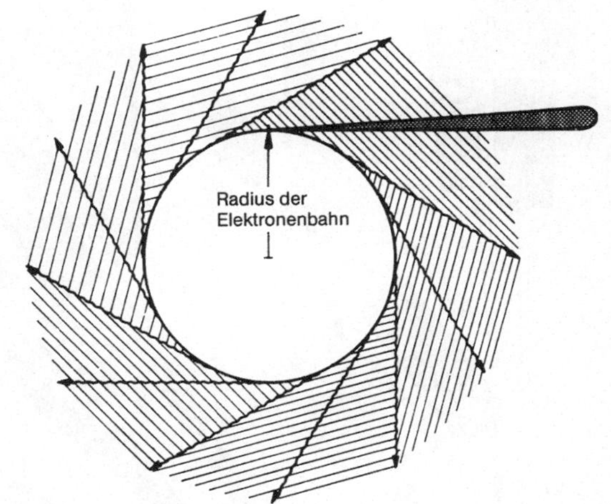

Bild 1: Die Bahnebene eines Elektronenbeschleunigers ist im zeitlichen Mittel vollständig mit Synchrotronstrahlung gefüllt. Die momentane keulenförmige Abstrahlung eines Elektrons ist eingezeichnet

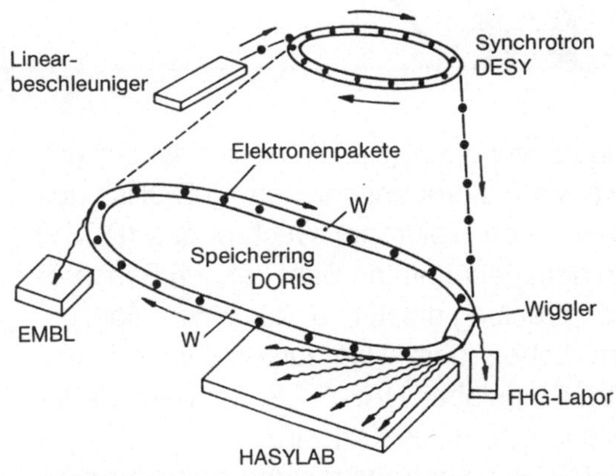

Bild 2: Mit einem Linearbeschleuniger und einem Elektronen-Synchrotron werden Elektronen auf eine Energie von etwa 5 GeV beschleunigt. Sie werden dann als Elektronenpakete zum Ringmagneten DORIS transferiert und dort gespeichert. So entsteht ein starker Strahlstrom, dessen Synchrotronstrahlung in dem Speziallaboratorium HASYLAB benutzt werden kann

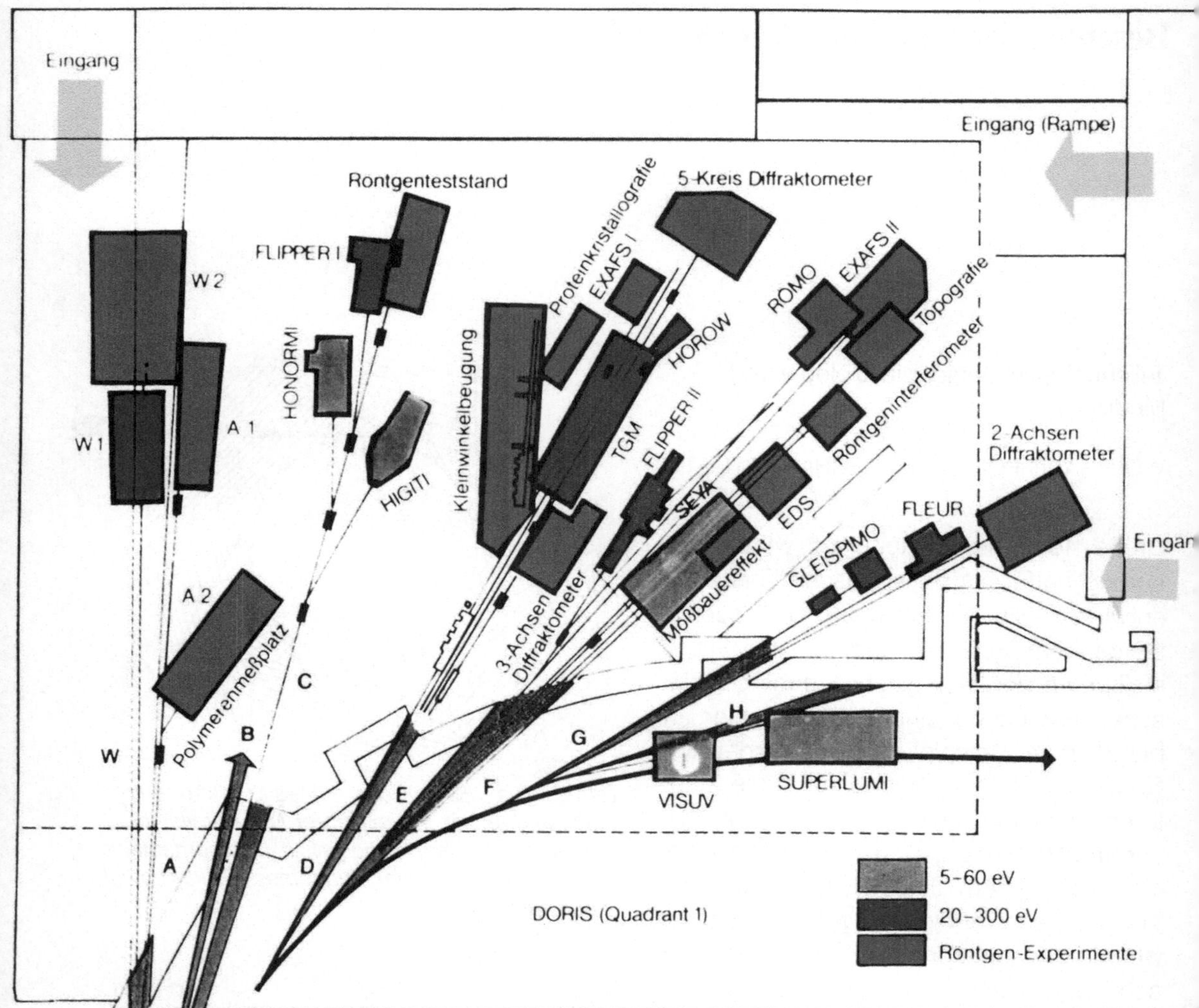

Bild 3: Aufbau verschiedener Experimente im Hamburger Synchrotronstrahlungslabor HASYLAB

Flugrichtung aus (Bild 1). In Bild 2 ist gezeigt, wie am Elektronenspeicherring DORIS des Deutschen Elektronensynchrotrons (DESY) an dem gekrümmten Bahnbereich Synchrotronstrahlung entsteht und in einem speziellen Labor, dem Hamburger Synchrotronstrahlungslabor HASYLAB, für viele Untersuchungen eingesetzt wird.

Die Synchrotronstrahlung erstreckt sich, wie in Bild 4 gezeigt, über einen sehr großen Wellenlängenbereich, in dem die Ausmaße von Atomen bis hin zu Zellstrukturen biologischer Systeme liegen. Alle diese Objekte können deshalb mit der Synchrotronstrahlung „gesehen" und damit auf ihre Struktur und Funktionen hin untersucht werden. Infolge der hohen Teilchenströme in den Beschleunigern oder den Speicherringen ist auch die Intensität der Synchrotronstrahlung sehr hoch. Deshalb sind kurze Belichtungszeiten, also auch schnelle Wiederholungen der „Aufnahmen" möglich, wodurch der zeitliche Ablauf einer Reaktion wie in einem Film dargestellt werden kann. So wurden im HASYLAB in Hamburg Strukturuntersuchungen an Muskelpräparaten durchgeführt. Die Muskelfasern sind so geordnet, daß sie ein scharfes Röntgenbeugungsmuster ergeben. Ändert sich die Struktur des Muskels bei der Kontraktion, so verschieben sich die einzelnen Reflexe dieses Beugungsmusters. Diese Reflexe bzw. ihre Verschiebung bei der Kontraktion können mit positionsempfindlichen Teilchendetektoren innerhalb von Millisekunden gemessen werden. Es ist damit möglich, die Bewegung der Querbrücken sichtbar zu machen, wenn bei der Kontraktion die verschiedenen Filamente des Muskels aneinander vorbeigleiten.

Es können mit dieser Methode aber nicht nur geordnete Strukturen wie in Muskelfasern untersucht werden, sondern auch Reaktionen in Lösungen. Lebende Zellen enthalten eine Reihe von Proteinen, aus denen bei 37 °C Fasern, sogenannte Mikrotubuli, entstehen. Bei 4 °C werden diese Strukturen in den Zellen aber wieder aufgelöst. Die Kinetik des Auf- und Abbaues solcher für die Zellfunktionen wichtiger Strukturen kann mit Synchrotronstrahlung kontinuierlich quantitativ gemessen und durch vergleichende elektronenmikroskopische „Momentaufnahmen" analysiert werden. Da sich diese neuen Untersuchungstechniken mit Hilfe der Synchrotronstrahlung bereits bei vielen Fragestellungen bewährt haben, bemüht man sich um immer intensivere Strahlenquellen, um immer schnellere biologische Reaktionen verfolgen zu können.

Ein naheliegender Weg zur Erhöhung der Strahlungsdichte wäre die Erhöhung des Strahlstromes im Beschleuniger; das ist aber in der Regel mit erheblichen Kosten verbunden und durch Instabilitäten begrenzt. Man kann aber auch einen ganz anderen Weg beschreiten: Wie man aus Bild 1 sieht, kann oft nur ein kleiner Teil der auf der ganzen Kreisbahn abgegebenen Strahlung

Bild 4: Die Strahlungsdichte der Synchrotronstrahlung bei verschiedener Wellenlänge im Vergleich zur Sonnenstrahlung (HASYLAB an DORIS)

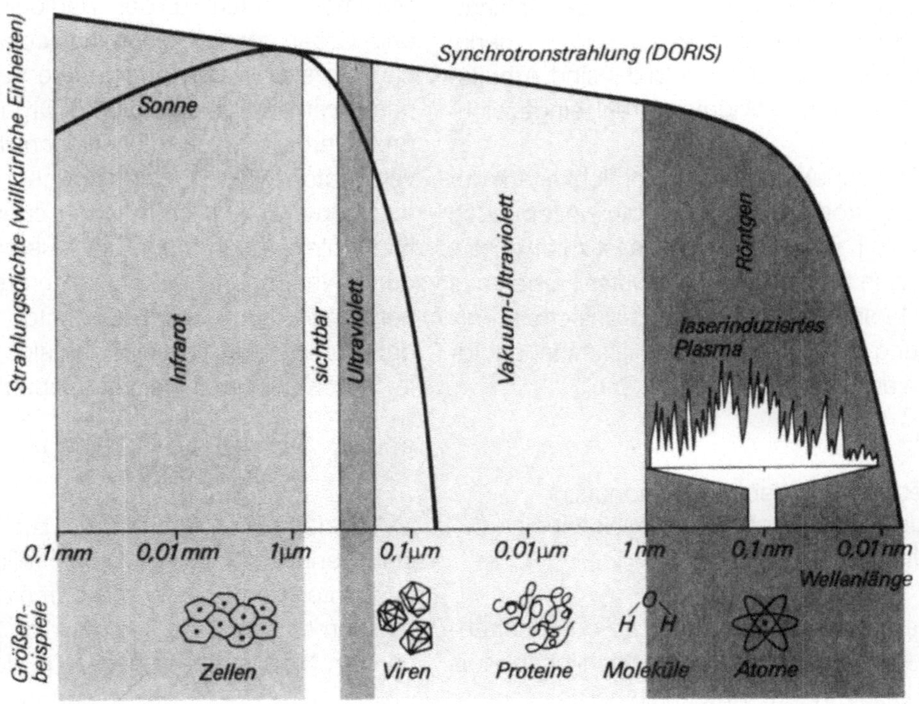

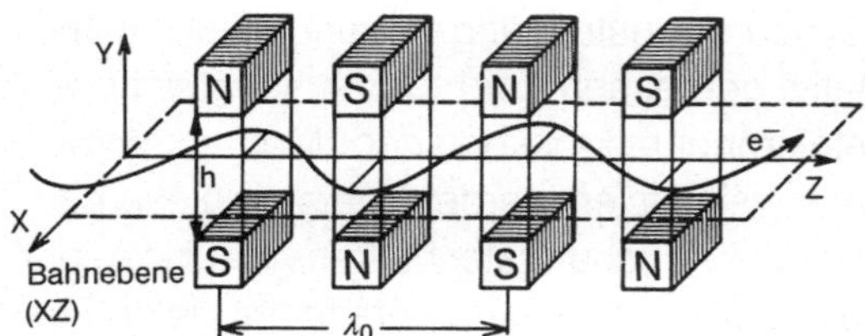

Bild 5: Teilchenbahnen in einem alternierenden Magnetfeld („Wiggler") mit sich aufsummierender Synchrotronstrahlung in Z -Richtung

für ein in einer bestimmten Richtung stehendes Experiment (Bild 3) genutzt werden. Der Teilchenstrahl in Bild 1 wird durch ein konstantes Magnetfeld gleicher Richtung ständig auf einer Kreisbahn gehalten. Man kann in den Beschleunigerring aber auch „Geradeaus-Elemente" einbauen (Bild 2), die ein mehrfach alternierendes Magnetfeld enthalten. Die Teilchen durchlaufen dann in ihrer Bahnebene, wie in Bild. 5 gezeigt, nacheinander „Rechts- und Linkskurven" mit entsprechender sich aufsummierender Synchrotronstrahlung in der Geradeaus-Richtung Z.

Eine solche Anordnung mit sehr starker Synchrotronstrahlungserzeugung nennt man einen „Wiggler". In Bild 3 sind Arbeitsplätze für einen Wiggler-Strahl eingezeichnet (W).

Die experimentellen Möglichkeiten der Synchrotronstrahlung sind bei weitem noch nicht voll ausgenutzt, und es ist zu erwarten, daß eine Reihe noch ungelöster Fragen aus der biologischen und medizinischen Forschung mit diesem neuen Hilfsmittel erfolgreich angegangen werden kann.

Erzeugung kurzlebiger Radionuklide für die medizinische Diagnostik mit einem Zyklotron

Es ist jedem geläufig, daß mit Röntgenstrahlen Knochenbrüche im menschlichen Körper oder andere Krankheitsherde sichtbar

gemacht und dann gezielt behandelt werden können. Dabei wird Strahlung in einer Röntgenapparatur erzeugt, sie durchdringt den menschlichen Körper und erzeugt wegen der verschiedenen Strahlenabsorption der verschiedenen Gewebe ein „Schattenbild", also ein Absorptionsbild, auf einem empfindlichen Leuchtschirm oder einem Photofilm. Mit steigender Häufigkeit werden in der medizinischen Diagnostik aber auch Radionuklide eingesetzt, sozusagen kleine Strahlenquellen, die sich in bestimmten Organen ansammeln und von dort aus Gammastrahlen emittieren.

Diese Gammastrahlen erzeugen in einer empfindlichen Meßapparatur ein „Emissionsbild" dieses Organs. So wird radioaktives Jod (^{131}J) ebenso wie das natürlich vorkommende nichtaktive Jod in der Schilddrüse angesammelt und liefert über die emittierte Gammastrahlung ein Bild der Schilddrüse mit wichtigen diagnostischen Informationen über Größe und Form dieses Organs oder über einen eventuell dort vorhandenen Tumor. Mit einer Messung der zeitlichen Änderung der Radioaktivität in dem Organ können zusätzlich Jodaufnahme und -umsatz in der Schilddrüse gemessen und damit die Funktion dieses Organs überprüft werden. Solche künstlichen radioaktiven Isotope der im menschlichen Körper üblicherweise vorkommenden chemischen Elemente wurden früher fast ausschließlich durch Neutronenstrahlung in Kernreaktoren hergestellt, auch das Radioisotop ^{131}J. Die dabei ablaufende Reaktion läßt sich wie folgt in einer Kurzschreibweise angeben:

$$^{130}\text{Te (n, } \gamma\text{) } ^{131}\text{Te} \xrightarrow[T_{\frac{1}{2}}=25\,\text{min}]{\beta^-} {}^{131}\text{J}$$

Vor der Klammer steht das zur Bestrahlung benutzte stabile Nuklid ^{130}Tellur (^{130}Te) und hinter der Klammer das durch die Kernreaktion entstandene Radionuklid ^{131}Te, das nun ein Neutron mehr besitzt. In der Klammer ist zuerst das Teilchen angegeben, das

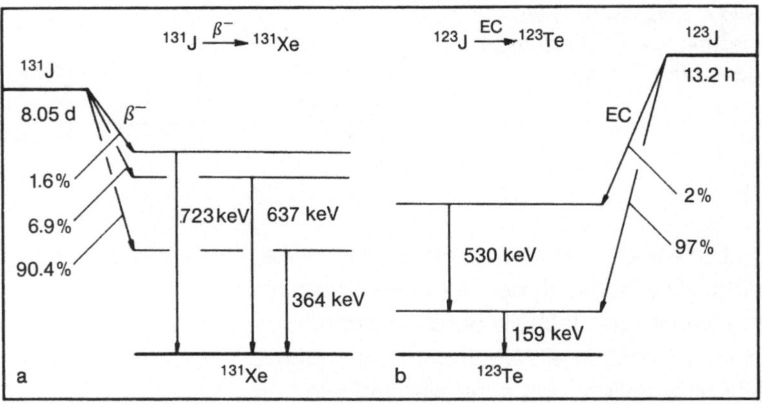

in den stabilen Kern eindringt, und hinter dem Komma das bei der Reaktion emittierte Teilchen, hier ein Gammaquant, das die Massenzahl nicht ändert. Das Radionuklid ^{131}Te zerfällt mit einer Halbwertszeit von 25 Minuten schon während der Bestrahlung in das gewünschte Radionuklid ^{131}J.

In der Regel haben also die mit einem Kernreaktor erzeugten Radionuklide gegenüber den stabilen Isotopen einen Neutronenüberschuß, den sie durch die Umwandlung eines Neutrons in ein Proton bei gleichzeitiger Aussendung eines negativ geladenen Elektrons (Beta-Minus-Strahlung) wieder rückgängig machen (Bild 6a). So enthält auch ^{131}J noch einen Neutronenüberschuß und zerfällt, wie in Bild 6a angegeben, durch β^--Emission. Das dabei erzeugte Nuklid ^{131}Xenon (^{131}Xe) liegt zunächst in einer der drei in Bild 6a angegebenen Anregungsstufen vor und geht dann in den energieärmsten Zustand durch die Emission von jeweils einem Gammaquant (Photon) über. Diese emittierten Photonen können zur Lokalisation einer Ablagerung von ^{131}J im Körper und damit zur Diagnostik krankhafter Veränderungen benutzt werden.

Eine Untersuchung der Schilddrüse mit ^{131}J dauert nur wenige Minuten. Wie man aber aus der Halbwertszeit $T_{1/2} = 8{,}05$ Tage (Bild 6a) sieht, zerfällt ^{131}J erst nach 8 Tagen etwa zur Hälfte. Die während dieser Zeit und

Bild 6: (a) Schema des radioaktiven Zerfalls von ^{131}J, dargestellt durch das Energieniveau von ^{131}J und die Übergänge durch Emission von β^--Teilchen in die angeregten Niveaus von ^{131}Xe; dann Emission von Gammaquanten. (b) Schema des Zerfalls von ^{123}J durch Elektroneneinfang (electron capture, EC) und Emission von Gammaquanten aus den angeregten Niveaus von ^{123}Te

auch nachher emittierte Strahlung wird also nur zu einem ganz kleinen Teil zur Diagnose benutzt. Der Rest führt zu einer unnötigen Strahlenbelastung des Patienten. Man hat sich deshalb für andere Jodisotope mit kurzer Halbwertszeit interessiert. Ihre Erzeugung gelingt durch Bestrahlung mit Protonen oder Deuteronen in einem Zyklotron (s. Kap. „Kreisbeschleuniger").

Die Halbwertszeit von ^{123}J (Bild 6b) beträgt nur 13,2 Stunden. Sie ist damit einerseits noch lang genug, um Präparate an Kliniken versenden zu können, andererseits aber fast um einen Faktor 15 kleiner als die Halbwertszeit von ^{131}J. Dadurch werden gegenüber ^{131}J die Strahlendosis in der Schilddrüse bei gleicher Aktivität um einen Faktor 60 und die Ganzkörperdosis um einen Faktor 3 herabgesetzt. Deshalb wird das mit dem Zyklotron hergestellte ^{123}J in der klinischen Diagnostik immer mehr dem früher viel benutzten ^{131}J vorgezogen.

Bild 7: Schema der Herstellung von ^{81}Rubidium am Karlsruher Zyklotron

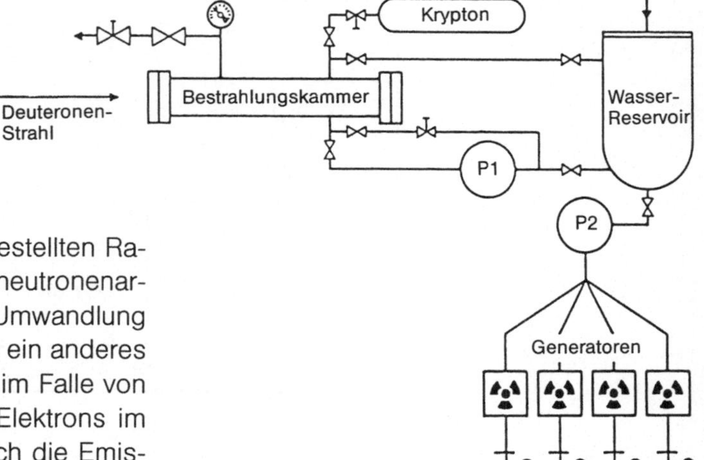

Die mit dem Zyklotron hergestellten Radionuklide haben in der Regel neutronenarme Kerne, die deshalb durch Umwandlung eines Protons in ein Neutron in ein anderes Nuklid zerfallen. Das kann wie im Falle von ^{123}J durch den Einfang eines Elektrons im Kern erfolgen (Bild 5) oder durch die Emission eines positiven Antiteilchens des Elektrons, eines Positrons. Das Positron hat als „Antimaterieteilchen" die Eigenschaft, bei Anlagerung an ein negativ geladenes Elektron (Materie) die gesamte Masse in zwei Vernichtungsstrahlungsquanten von je 0,5 MeV Energie umzusetzen. Diese genau gleiche Energie erlaubt ein sicheres Herausfinden der Vernichtungsphotonen aus dem immer vorhandenen Photonenhintergrund. Da immer zwei dieser Photonen gleichzeitg emittiert werden, kann man durch gleichzeitige Messung (Koinzidenzmessung) von jeweils zwei zum gleichen Positronenzerfall gehöriger Photonen aus deren Richtung genau auf ihren Entstehungsort schließen. Aus einer Vielzahl solcher Messungen, deren Daten von einem Computer ausgewertet werden, erhält man eine genaue Verteilung der Radioisotope in einer beliebigen Schicht im Körper. Ein derartiges Verfahren nennt man „Positron-Emission-Tomograph" (PET).

Zum Beispiel wird das Radioisotop ^{18}Fluor (^{18}F) an Glucose gebunden und zur Messung des Energiestoffwechsels im Gehirn benutzt. In Tabelle 1 sind einige der mit dem Zyklotron erzeugbaren Radionuklide, ihre Halbwertszeit und ihr Verwendungszweck zusammengestellt.

An einem weiteren Beispiel soll gezeigt werden, daß man sogar Radioisotope mit

Halbwertszeiten von wenigen Sekunden in der medizinischen Diagnostik einsetzen kann; dazu wird am Karlsruher Zyklotron Krypton mit Deuteronen bestrahlt.

Aus dem Nuklid ^{82}Krypton (^{82}Kr) wird das Radionuklid ^{81}Rubidium (^{81}Rb) (Bild 8 oben). Dieses wird mit Wasser aus der Bestrahlungskammer (Bild 7) herausgewaschen und durch sogenannte „Generatoren" gepumpt. Die Generatorsäule ist mit einem Ionenaustauscher gefüllt, der praktisch das ganze Rubidium adsorbiert. ^{81}Rb zerfällt dann in der Säule mit einer Halbwertszeit

Tabelle 1:
Mit dem Zyklotron herstellbare Radionuklide

Nuklid	Halbwertszeit	Untersuchung von
^{201}Thallium	73 h	Herz
^{123}Jod	13,3 h	Schilddrüse Niere Leber Herz
^{81}Rubidium/ ^{81m}Krypton	4,6 h/13 s	Lunge
^{67,68}Gallium	79 h/68 min	Tumoren
^{52}Eisen	8,2 h	Blut
^{18}Fluor	110 min	Knochen Gehirn

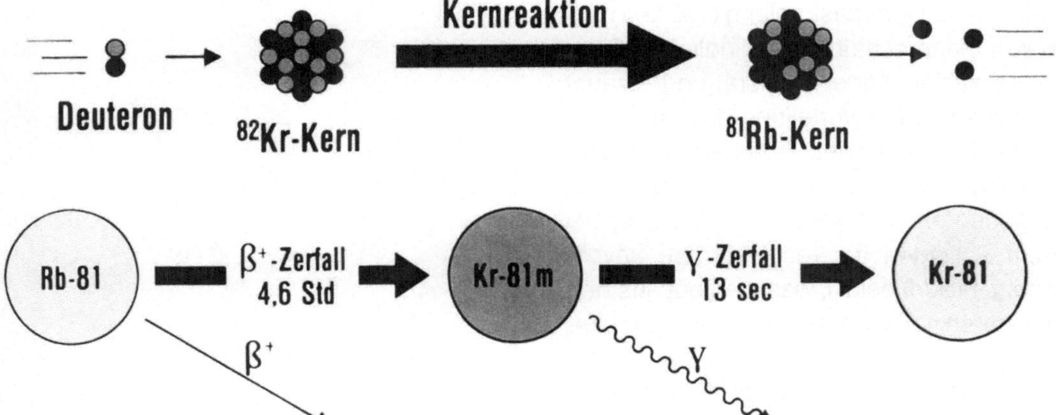

Bild 8: Herstellung des Radionuklids ^{81}Rb durch Deuteronenbestrahlung (oben); Zerfall von ^{81}Rb in der Generatorsäule in ^{81m}Kr (unten)

Bild 9: Schema der Anwendung eines ^{81}Rb/^{81m}Kr-Generators für die Untersuchung der Lungenventilation (oben); Bilder einer Anger-Kamera von einer Lunge, in die ^{81m}Kr-markierte Luft eingeatmet wurde (links: Aufnahme von vorn; rechts: Aufnahme von hinten). Der rechte Lungenflügel des Patienten ist mangelhaft ventiliert (unten)

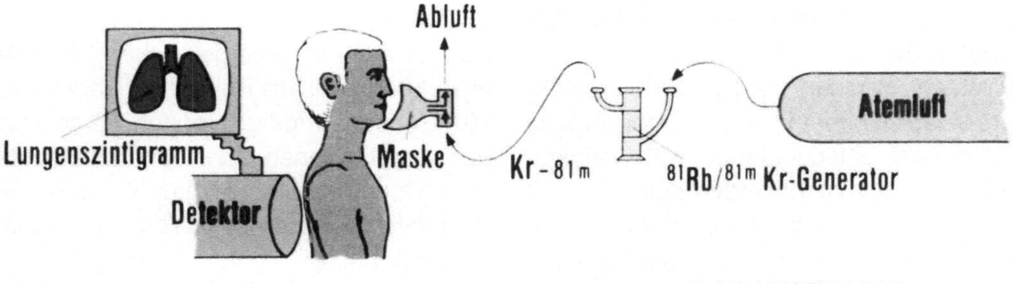

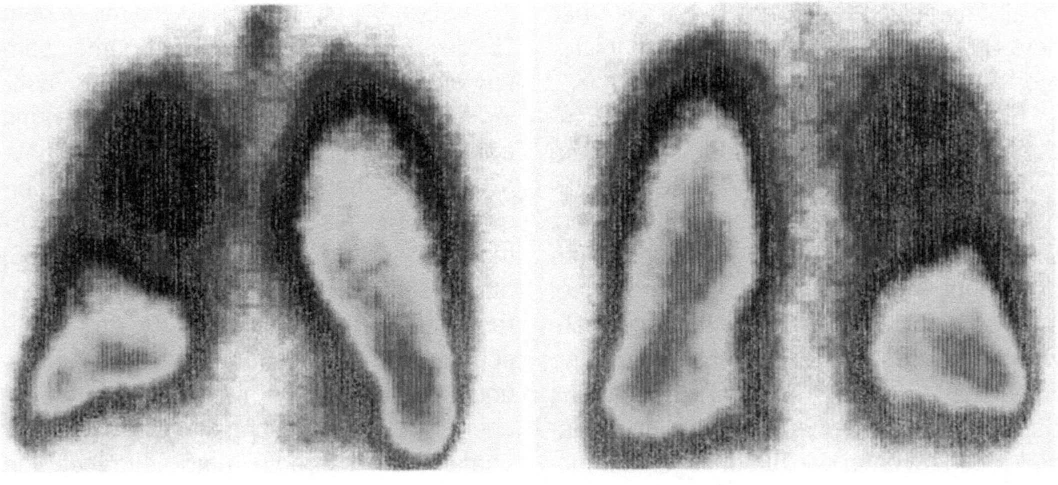

von 4,6 Stunden (Bild 8 unten). Es erzeugt dabei das neue Radionuklid ^{81m}Kr; deshalb der Name „Generator". Die Halbwertszeit ist lang genug, um so gefüllte Generatoren auch zu entfernter gelegenen Krankenhäusern zu transportieren. Bild 9 veranschaulicht den Einsatz eines solchen Generators für ^{81m}Kr zur Lungendiagnostik. Das im Generator erzeugte ^{81m}Kr gelangt mit der Atemluft in die Lunge. Die beim Zerfall in der Lunge emittierte Gammastrahlung (190 keV) gelangt in einen richtungsempfindlichen Szintillationszähler (Anger-Kamera) und erzeugt ein Rasterbild der Verteilung der Radioaktivität in der Lunge des Patienten, aus dem frühzeitig Lungenerkrankungen oder Fehlfunktionen erkannt werden. Im Bild 9 ist bei einem Patienten die rechte Lunge unvollständig mit Luft gefüllt, was man gut aus den Aufnahmen von vorn und von hinten beurteilen kann.

Die Strahlenbelastung des Patienten ist bei dieser Methode sehr gering, denn wenige Sekunden nach der Untersuchung ist das in der Lunge vorhandene ^{81m}Kr zerfallen.

Tumortherapie mit energiereicher Strahlung

Schon bald nach der Entdeckung der Röntgenstrahlung im Jahre 1895 wurde bekannt, daß diese neue Strahlenart biologische Wirkungen hat, unter anderem auch lebende Zellen abtötet. Damit ergab sich die Möglichkeit, mit einem gerichteten Strahlenbündel einen Tumor im menschlichen Körper zu vernichten. Bei der praktischen Durchführung einer solchen Therapie ergaben sich jedoch bald entscheidende Schwierigkeiten: Röntgenstrahlen werden beim Eindringen in Materie geschwächt, so daß, wie in Bild 10 schematisch gezeigt, in der Haut und im Normalgewebe vor dem Tumor eine höhere Strahlendosis vorhanden ist als im Tumor, der zerstört werden soll.

Eine Abhilfe ergibt sich bei der Verwendung mehrerer Strahlenbündel, die sich im Tumorgebiet überschneiden und dort zu einer Summation der Strahlendosen führen. Dennoch bleibt die Notwendigkeit, eine durchdringendere Strahlung zu erzeugen, die also weniger in der Materie geschwächt wird. Ganz besonders vorteilhaft wäre eine Strahlenart, bei der die Strahlendosis mit der Tiefe im Körper auf ein Maximum ansteigt, in dem dann der Tumor liegen könnte.

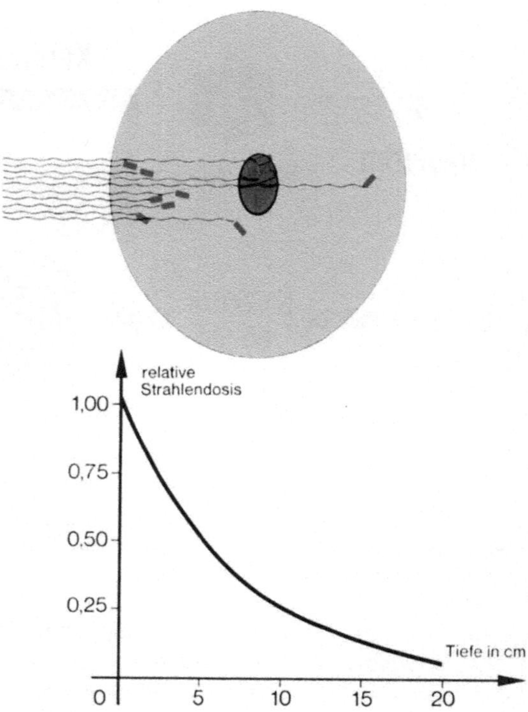

Bild 10: Abnahme der Strahlendosis mit der Tiefe im Körper bei Bestrahlung mit 200-kV-Röntgenstrahlen

Das ist mit sehr energiereichen Photonen erreichbar, wenn die Energie größer als etwa 10 MeV ist. Allerdings können derart energiereiche Photonen nicht mehr mit den üblichen Röntgenröhren erzeugt werden; man muß dafür Mehrfach-Beschleuniger für Elektronen benutzen.

In Bild 11 ist eine Anlage mit einem 35-MeV-Betatron gezeigt, die gemeinsam von einem Forschungsinstitut mit der Fachindustrie entwickelt wurde. Hier konnten mit optimaler Strahlzeitausnutzung sowohl physikalische Strahlenforschung (Beschleunigerhalle, Erdgeschoß) als auch die Tumortherapie an Patienten (Kellergeschoß) durchgeführt werden. In den fünfziger Jahren wurden mit diesem Elektronenbeschleuniger alle notwendigen Grundlagenuntersuchungen zur Anwendung energiereicher Photonen und schneller Elektronen zur Therapie tiefgelegener Tumore durchgeführt

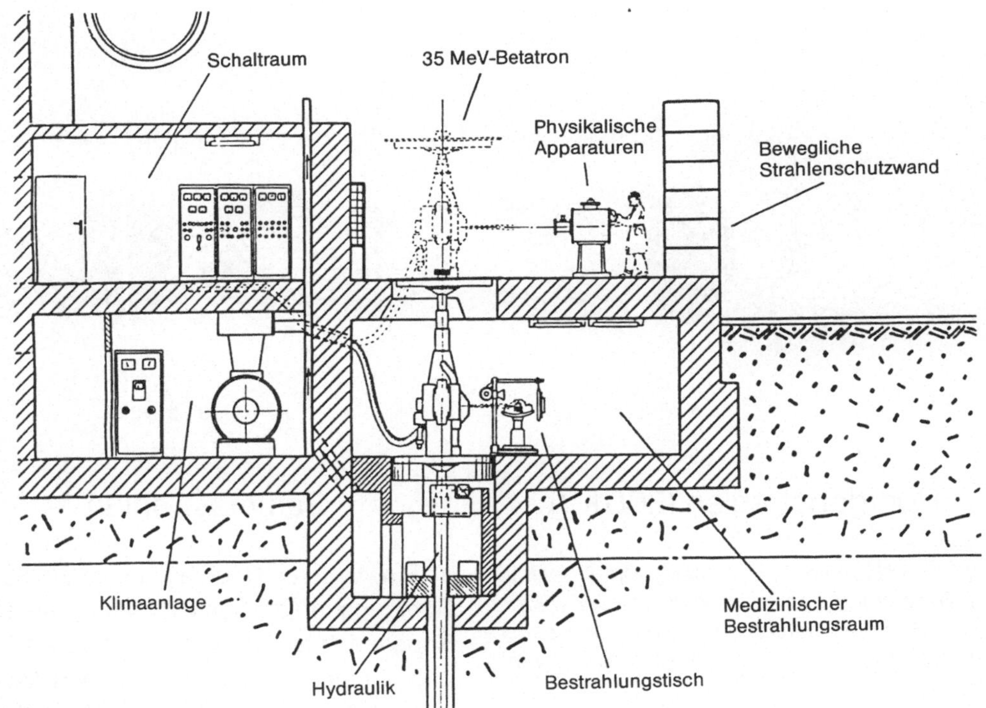

Bild 11: 35-MeV-Betatron der Gesellschaft für Strahlen- und Umweltforschung in Frankfurt für die physikalische und strahlenbiologische Forschung (Erdgeschoß) und für die Strahlentherapie von Tumoren (Kellergeschoß)

Bild 12: Schema der Streuung von Strahlung bei der Tumortherapie. Bei der energiearmen Röntgenstrahlung (links) erhält der ganze Körper eine Strahlenbelastung. Das ist bei der energiereichen Photonenstrahlung (rechts) nicht der Fall

und diese neue Therapieform in Zusammenarbeit mit einer Klinik praktisch erprobt und ständig verbessert.

Es zeigte sich, daß weitere Vorteile mit dem Einsatz dieser energiereichen Photonen verbunden sind. Energieärmere Röntgenstrahlen werden aus der gewünschten Strahlrichtung „herausgestreut" und führen damit zu einer Ganzkörperbestrahlung des Patienten (Bild 12). Die Folge ist, daß der Patient während der mehrwöchigen Behand-

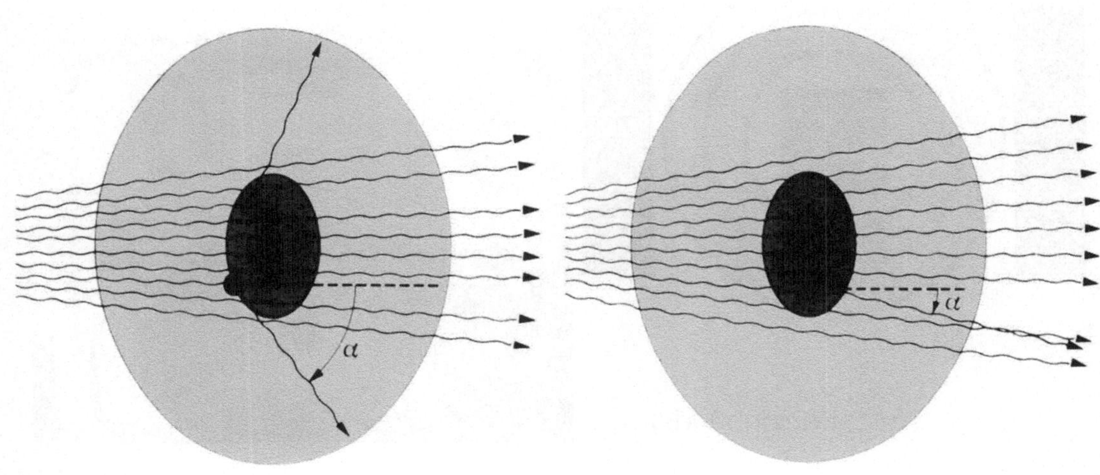

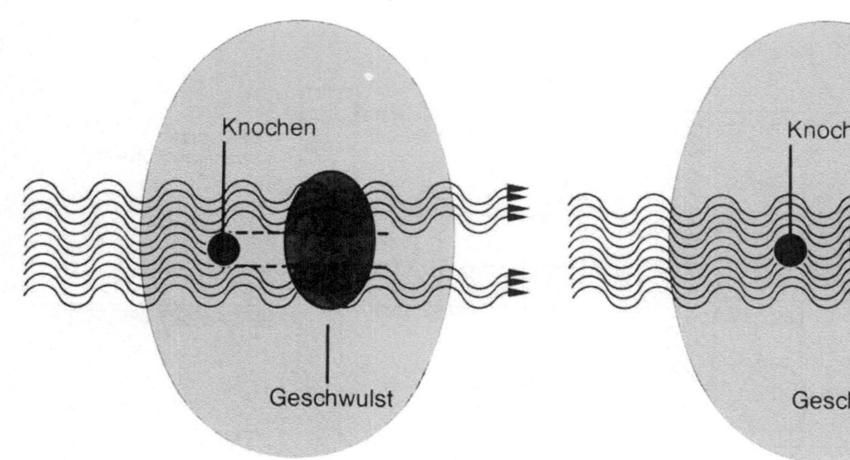

Bild 13: Schema des Entstehens von unbestrahlten Tumorbereichen hinter Knochen bei energiearmen Röntgenstrahlen und homogene Bestrahlung des Tumors durch energiereiche Photonen

lung an einer ständigen „Strahlenkrankheit" mit Übelkeit und Erbrechen leidet. Energiereiche Photonen werden dagegen nur mit sehr kleinen Winkeln gestreut, sie bleiben also innerhalb des gewünschten Strahlenbündels, und die Strahlenkrankheit mit allen nachteiligen Folgen tritt bei diesen Patienten praktisch nicht auf.

Ein weiterer Nachteil der energiearmen Röntgenstrahlen besteht darin, daß sie im Knochen besonders stark absorbiert werden. Dadurch entstehen hinter den Knochen „Schattenbereiche", in denen Teile des Tumors nicht genügend bestrahlt werden und die Tumorzellen weiter wachsen (Rezidive). Da energiereiche Photonen eines Teilchenbeschleunigers in allen Stoffen etwa gleich

Bild 14: Schema der Kreisbeschleunigung von Elektronen in einem Betatron (links) und moderne medizinische 42-MeV-Betatronanlage (Siemens)

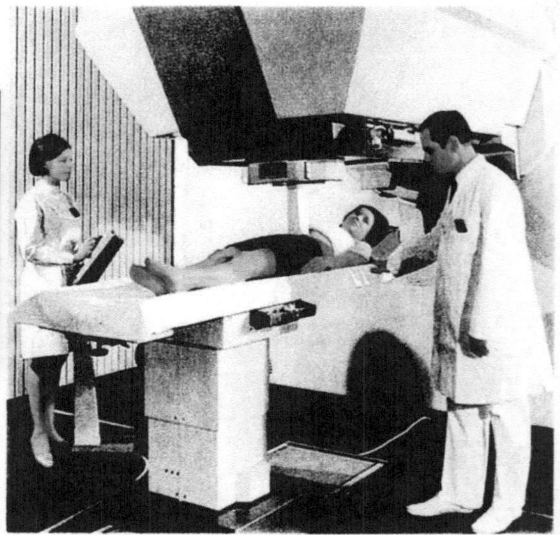

absorbiert werden, führen sie zu einer homogenen Bestrahlung im Tumor und damit zu seiner vollständigen Vernichtung (Bild 13).

Diese drei physikalischen Vorteile der energiereichen Photonen und auch die Benutzung der mit dem Beschleuniger erzeugten schnellen Elektronen brachten eine wesentliche Verbesserung der Tumortherapie, und in wenigen Jahren wurden in jeder größeren Stadt ein oder zwei Beschleuniger zur Strahlentherapie gebaut. Die alte „Röntgentherapie" hatte ausgedient. Ein modernes Betatron ist in Bild 14 zusammen mit dem Schema der Kreisbeschleunigung der Elektronen dargestellt.

Das in Bild 11 dargestellte Betatron wird heute außer zur Behandlung von Tumorpatienten intensiv in der strahlenbiologischen Forschung eingesetzt, um die Strahlentherapie von Tumoren weiter zu verbessern. Um diese Arbeiten und die zukünftigen Ziele zu erläutern, seien einige Forschungsresultate der letzten Jahre auf diesem Gebiet zusammengestellt.

Biologische Strahlenwirkungen in lebenden Zellen

Gegeben sei ein Stück Gewebe mit 20 lebenden Zellen (Bild 15). Es soll so mit einer Strahlendosis bestrahlt werden, daß in diesem Gewebe gerade 20 tödliche Treffer erfolgen. Das ist bei einer Strahlendosis von etwa 1 Gray der Fall. Wir wissen heute, daß solche Treffer Doppelstrangbrüche in der Desoxyribonukleinsäure (DNS) im Zellkern sind. Diese 20 Treffer werden aber nicht „gezielt" auf die vorhandenen 20 Zellen verteilt, sondern erfolgen rein zufällig. Das führt dazu, daß einige der Zellen zwei oder auch drei erhalten haben. Entsprechend haben andere Zellen, in diesem Fall 37%, keinen Treffer erhalten, sie werden die Bestrahlung überleben; das entspricht einer Überlebensrate S von 0,37. Wirkt nun auf die gleichen Zellen eine weitere Strahlendosis von $D = 1$ Gray, so erhalten viele Zellen weitere Treffer, und die Anzahl der nichtgetroffenen nimmt weiter ab, genau genommen auf die Überlebensrate $S = 0,37 \times 0,37 = 0,105$. Wird eine

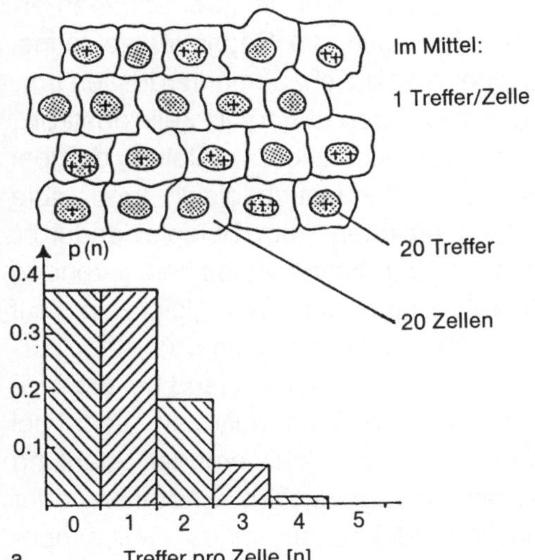

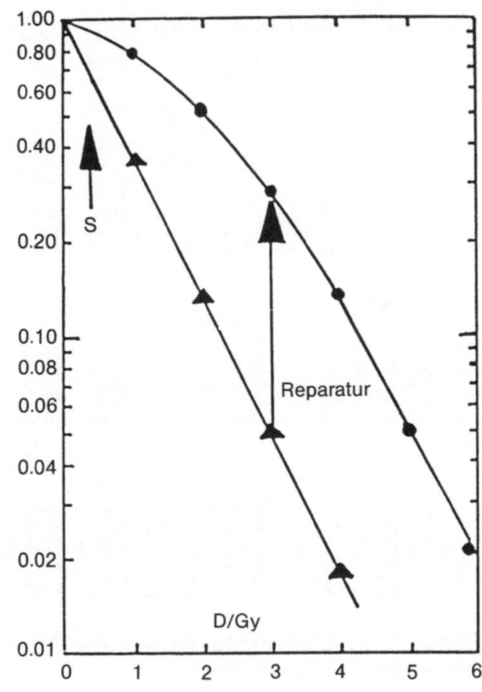

Bild 15: Bestrahlung von Zellen in einem Gewebe mit Poisson-Verteilung der Treffer in den einzelnen Zellen. Exponentielles Abnehmen der überlebenden Zellen mit der Dosis D und Zellüberleben S nach der Reparatur von zwei Schäden

dritte Dosis von 1 Gray appliziert, sinkt die Überlebensrate auf $S = 0,105 \times 0,37 = 0,05$ (Bild 15).

Die durch ionisierende Strahlen an der DNS erzeugten Schäden sind zum großen Teil von der gleichen Art, wie sie durch die Molekularbewegung bei einer Temperatur von 37 °C auftreten. In den lebenden Zellen haben sich deshalb im Laufe der Evolution Reparaturmechanismen für diese Schäden ausgebildet. In Bild 16 ist schematisch dargestellt, wie ein durch Bestrahlung eines DNS-Strangs zerstörter „Buchstabe" zunächst von dem Enzym „Endonuklease" erkannt wird, weil die Wasserstoffbrücken zum gegenüberliegenden DNS-Strang nicht mehr wie im ungestörten Fall ausgebildet sind. Dieses Enzym macht, wie der Name sagt, einen Einschnitt in die DNS. Dann wird ein zweites Enzym, Exonuklease, tätig und schneidet mehrere Buchstaben aus dem DNS-Strang heraus, auch den beschädig-

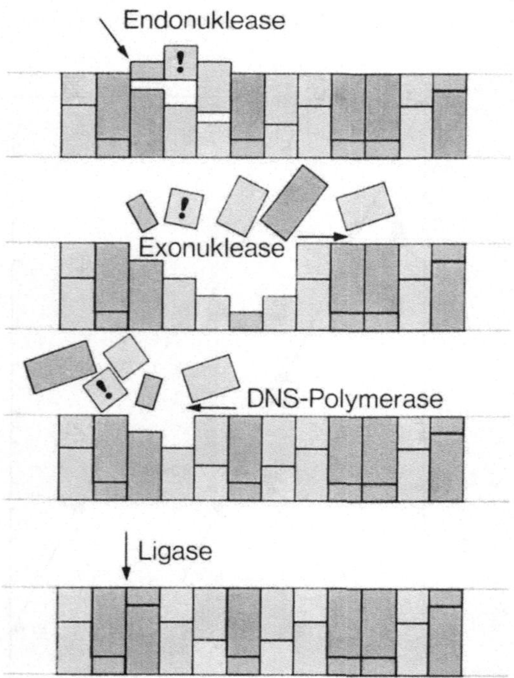

Bild 16: Schema der Reparatur von Strahlenschäden in der DNS (siehe Text)

ten. Sodann setzt ein drittes Enzym, die DNS-Polymerase, wieder Buchstaben in diesen Strang ein, wobei die Information auf dem gegenüberliegenden Strang die Einhaltung der ursprünglichen Sequenz garantiert. Schließlich wird der Strang durch das Enzym „Ligase" geschlossen, und der Strahlenschaden ist vollständig repariert.

In ähnlicher, aber zum Teil wesentlich komplizierterer Weise werden verschiedenartige Strangbrüche und Schäden in der DNS repariert. Man kann nun auch die Auswirkung einer solchen Reparatur auf die Anzahl der überlebenden Zellen quantitativ angeben. Wird ein Schaden nach der Bestrahlung repariert, so ist die Überlebensrate S gleich der Rate der Zellen mit keinem Schaden, $p(0)$, plus der Rate der Zellen mit einem Schaden, $p(1)$, $S = p(0) + p(1)$. Werden auch Doppelschäden repariert, so ist $S = p(0) + p(1) + p(2)$, wobei $p(2)$ die Rate der Zellen mit zwei Schäden ist. Wie man aus verschiedenen Experimenten weiß, können lebende Zellen nach der Bestrahlung etwa zwei Schäden reparieren. Haben sie durch Zufall mehr als zwei Schäden erhalten, so dauert die Reparatur so lange, daß einer dieser Schäden unterdessen irreparabel geworden ist und die Zelle abstirbt.

Man kann sich leicht vorstellen, daß bei einer Bestrahlung auch gleich irreparable Schäden auftreten, zum Beispiel dadurch, daß beim Durchgang eines ionisierenden Teilchens durch die DNS gleichzeitig auf beiden DNS-Strängen je ein Buchstabe zerstört wird. Das wird vorwiegend bei dicht ionisierender Strahlung auftreten, sehr viel seltener bei locker ionisierender Strahlung wie den energiereichen Photonen oder schnellen Elektronen eines Teilchenbeschleunigers.

Mit diesen erst in den letzten Jahren gewonnenen Kenntnissen kann man auch verstehen, wie es überhaupt möglich ist, durch Bestrahlung Tumorzellen inmitten von gesundem Normalgewebe abzutöten. Die

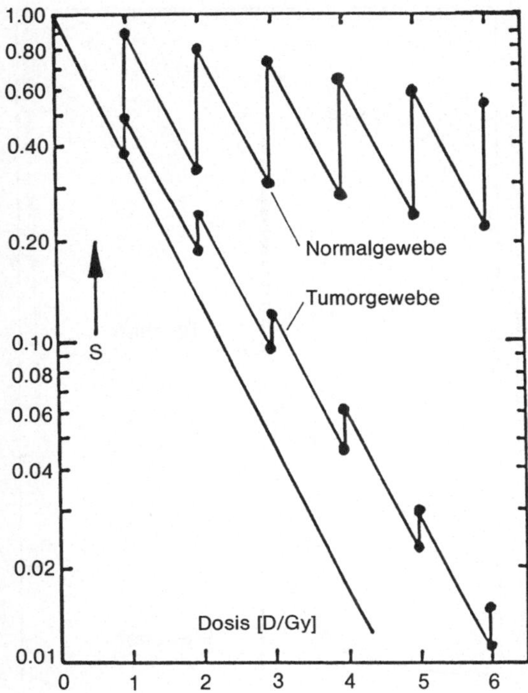

Bild 17: Wirkung einer fraktionierenden Bestrahlung auf einen Tumor mit geringer Reparatur und auf das gesunde Normalgewebe mit optimaler Reparatur von Strahlenschäden

Strahlendosis wird dazu nicht auf einmal, sondern in bis zu etwa 20 Fraktionen auf den Tumor appliziert. Damit liegt die Strahlendosis im gesunden Normalgewebe in einem Bereich (kleiner 2 Gy), in dem praktisch alle Zellen nach einer Reparatur überleben. Bei der wiederholten Anwendung einer solchen Dosis wird deshalb die Zahl der gesunden Zellen nur wenig abnehmen (Bild 8).

Für die Reparatur von Strahlenschäden ist Energie in den Zellen nötig, und an dieser mangelt es in den Tumorzellen wegen des unkontrollierten Wachstums des Tumors. Die Tumorzellen können deshalb in den Pausen zwischen zwei Strahlenfraktionen weniger reparieren als das gesunde Gewebe; sie werden stärker abgetötet (Bild 17). Je besser aber die Energieversorgung auch der Tumorzellen ist, um so besser können auch sie wie das gesunde Gewebe reparieren. Solche Tumoren sind als „strahlenresistent" bekannt.

Wie kann man auch diese Tumoren erfolgreich mit Strahlung behandeln? Es war bereits erläutert, daß dicht ionisierende Strahlen mehr irreparable Strahlenschäden in der DNS hervorrufen. Man müßte also eine Strahlenart anwenden, die im Tumorbereich dicht ionisiert und im davor liegenden Normalgewebe locker ionisiert, dort also nur reparable Schäden erzeugt.

Solche spezielle Strahlenarten gibt es tatsächlich; z. B. die negativen Pionen, Teilchen mit einer Masse zwischen der des Elektrons und der des Protons. Diese spezielle Art von Elementarteilchen wurde 1947 als Bestandteil der Höhenstrahlung entdeckt. Inzwischen wurden aber Teilchenbeschleuniger für Protonen mit hoher Energie (größer als 600 MeV) und mit hohem Teilchenstrom gebaut, um möglichst starke Pionenstrahlen zu erzeugen. In Europa gibt es nur einen solchen Beschleuniger in der Schweiz, der auch „Mesonenfabrik" genannt wird. Dort wurden in Zusammenarbeit mit mehreren deutschen Instituten die Grundlagen für eine Tumortherapie mit negativen Pionen erarbeitet, bei der alle modernen Methoden der Tumorvermessung und der exakten Tumorbestrahlung bereits bei zahlreichen Behandlungen eingesetzt wurden. Die Ergebnisse sind sehr vielversprechend. Diese neue Therapie ist aber so aufwendig, insbesondere was den Beschleuniger betrifft, daß eine Pionentherapie von Tumoren voraussichtlich nicht in größerem Umfang Eingang in die klinische Praxis finden wird. Es ist deshalb nötig, weiter nach Strahlenarten zu suchen, die billiger und einfacher herzustellen sind, die aber die gleichen Vorteile wie die negativen Pionen haben. Diesen Fragen sind mehrere Forschungsvorhaben in den Großforschungszentren gewidmet. Insbesondere ist anzunehmen, daß schnelle Protonen, kombiniert mit biochemischer

Hemmung der Reparatur in Tumorzellen, eine sehr vorteilhafte Tumortherapie erlauben. Es ist deshalb nur konsequent, daß bei der Planung neuer Teilchenbeschleuniger für die physikalische Forschung auch die Möglichkeit der Tumortherapie mit schnellen Protonen vorgesehen wird.

Leichte und schwere Ionen in Strahlentherapie und Biologie

Strahlentherapie mit leichten und schweren Ionen

Für die Strahlentherapie besonders strahlenresistenter oder schlecht zugänglicher Tumore zeichnen sich Vorteile durch die Verwendung leichter und schwerer Ionen ab. Während die negativen Pionen über eine Kernreaktion hergestellt werden und damit aufwendig und teuer zu produzieren sind, lassen sich geladene Teilchen direkt erzeugen und beschleunigen. Damit wird die Therapie billiger und die Bestrahlungszeiten kürzer. Von besonderem Interesse für die Therapie sind die leichten bis mittelschweren Ionen von Wasserstoff bis Argon. Protonen haben schon eine um Größenordnungen bessere Dosisverteilung als energiereiche Photonen, Elektronen oder Neutronen (Bild 18); die Seiten- und Reichweiten-Streuung von α-Teilchen nimmt noch einmal um einen Faktor 4 ab und ermöglicht eine bis dahin unerreichte Präzision in der Strahlentherapie.

Kleinste Volumina von Tumoren oder anderem kranken Gewebe, etwa im Gehirn oder im Auge, mit einem Durchmesser von 2–3 mm können mit einer hohen sosis bestrahlt werden, ohne daß nahegelegene strahlensensible oder nicht erneuernde Gewebe in Mitleidenschaft gezogen werden. Bestes Beispiel dafür sind die Behandlungen von Melanomen im Auge, bei denen Dosen von einigen Kilorad sehr nahe am

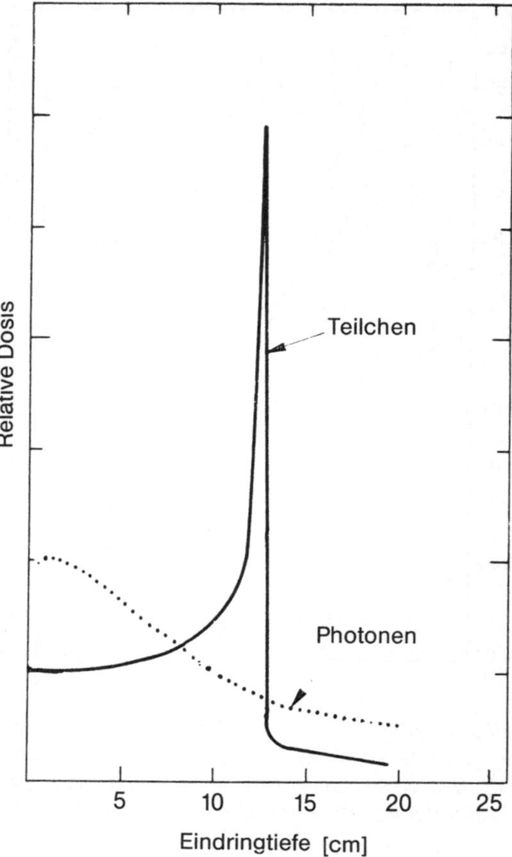

Bild 18: Dosis als Funktion der Eindringtiefe für γ-Quanten (punktierte Linie) und Teilchen (ausgezogene Linie)

Sehnerv (< 1 mm) deponiert werden können, ohne die Funktion des Nervs zu unterbrechen. Die Erfolgsquote dieser Therapie, die routinemäßig mit Protonen in Harvard und mit α-Teilchen in Berkeley durchgeführt wird, liegt über 95% und wird von keiner anderen medizinischen Behandlungstechnik erreicht. Gute Ergebnisse werden auch von Hypophysenbehandlungen mit Protonen und α-Teilchen berichtet.

Für die schwereren Teilchen, Kohlenstoff, Neon, Silicium oder Argon, nimmt die Ablenkung des Primärstrahls zwar ab, doch entstehen durch Kernreaktionen immer mehr Kernfragmente, die unter kleinen Winkeln aus dem Primärstrahl herausstreuen und eine größere Reichweite als die Primärteilchen besitzen. Durch diese Sekundärprodukte wird die Dosisverteilung zwar verschlechtert, die zunehmende Ionisationsdichte am Ende der Teilchenspur führt aber zu einer überproportionalen Zunahme der biologischen Wirksamkeit. Das heißt, daß am Ende der Teilchenbahn nicht nur eine große Dosis zur Inaktivierung unerwünschter Tumorzellen zur Verfügung steht, sondern auch daß diese Dosis überproportional wirksam ist. Die lokale Erhöhung der biologischen Wirksamkeit am Ende jeder Teilchenspur nivelliert Unterschiede in der Strahlenempfindlichkeit zwischen verschiedenen Teilpopulationen des Tumorgewebes, zwischen schnell oder langsam wachsenden Zellen oder zwischen Zellen, die gut oder schlecht mit Sauerstoff versorgt sind. Daher können besonders strahlenresistente Tumore in einem strahlenempfindlichen Tumorbett mit schweren Ionen besser behandelt werden als mit dünn ionisierender Strahlung, wie Gammastrahlen.

In der praktischen Anwendung muß der Teilchenstrahl, der vom Beschleuniger her einen kleinen Durchmesser (< 1 cm) und eine feste Reichweite besitzt, in Querschnitt und Reichweite dem Tumorvolumen angepaßt werden. Die Reichweitenanpassung erfolgt durch eine Energievariation (Bild 19 a), durch die verschiedene Bragg-Maxima überlagert werden. Die Intensität der verschieden energetischen Strahlbündel ist dabei so abgestimmt, daß die unterschiedliche biologische Wirksamkeit berücksichtigt und über das gesamte Tumorvolumen ein gleichmäßiger Effekt erzielt wird (Bild 19 b). Der Strahlquerschnitt kann entweder durch eine Aufstreuung in Streufolien oder durch magnetische Ablenker auf den Querschnitt des zu bestrahlenden Tumors vergrößert werden.

Die Anwendung von Ionenstrahlen in der Tumortherapie ist relativ neu. In den letzten fünf Jahren wurden weltweit einige tausend

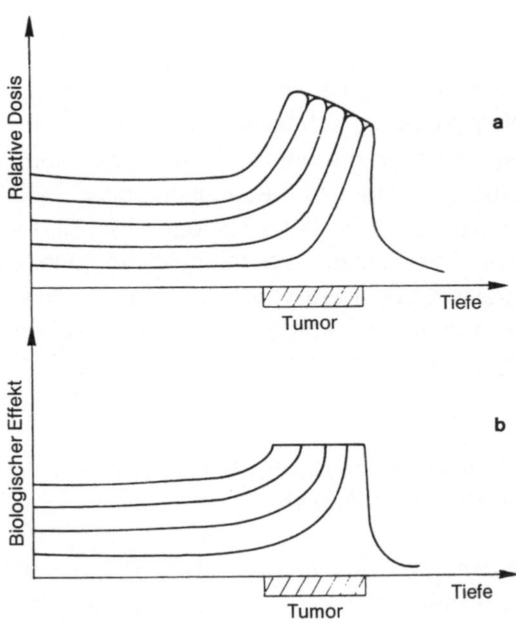

Bild 19: Reichweitenanpassung an ein gegebenes Tumorvolumen: (a) Durch Energievariation werden die verschiedenen Bragg-Maxima so überlagert, daß das Tumorvolumen gleichmäßig ausgeleuchtet wird. (b) Die Intensität wird dabei so verändert, daß aufgrund der unterschiedlichen biologischen Wirksamkeit der gleiche biologische Effekt über dem gesamten Tumorvolumen erzielt wird.

Patienten mit Protonen, ca. 600 Patienten mit α-Teilchen und weniger als 100 Patienten mit schweren Ionen bestrahlt. Eindeutig zeigte sich dabei eine gute Dosis-Lokalisation der geladenen Teilchen, die in vielen Fällen eine Strahlentherapie bei Patienten ermöglicht, die mit Photonen nicht mehr behandelt werden können. Die extrem hohe Energieabgabe der schweren Ionen wurde dagegen noch nicht voll ausgenutzt, da man sich noch in der Erprobungsphase befindet. Die Nachuntersuchungen von Patienten ergaben jedoch, daß bei gleicher Tumorreaktion die Toleranzdosis des gesamten Tumorbetts oft noch nicht erreicht wurde, d. h. daß man die Tumordosis mit schweren Ionen steigern kann.

Außer zur Strahlentherapie könnten Ionenstrahlen in der Diagnostik Anwendung finden. Dabei wurde die bereits begonnene

Entwicklung einer Schwerionen-Radiographie durch die schnelle Entwicklung anderer tomographischer Verfahren wie NMR (Nuclear Magnetic Resonance) oder PET (Positronen-Emissions-Tomograph) überholt. Der Einsatz von radioaktiven Ionenstrahlen, vor allem von Positronen emittierenden Ionen, würde die herkömmlichen tomographischen Verfahren gut ergänzen.

Strahlenbiologische Experimente mit Schwerionenstrahlen

Durch die zunehmende Verwendung von schweren Ionen in der Therapie wurde auch die strahlenbiologische Forschung vor allem in den Labors angeregt, in denen auch eine Teilchentherapie stattfand, wie am Lawrence Berkeley Laboratory. Darüber hinaus konnten in den letzten Jahren in wachsendem Maße strahlenbiologische Experimente am Schwerionenbeschleuniger Unilac in Darmstadt, durchgeführt werden, die vor allem der Aufklärung grundlegender strahlenbiologischer Wirkungsmechanismen

dienen und in geringerem Maße Therapiebezogen sind.

Die unterschiedliche Wirkung der Teilchenstrahlen, verglichen mit elektromagnetischer Strahlung, beruht auf einer grundsätzlich verschiedenen Energieabgabe der geladenen Teilchen. Elektromagnetische Strahlung erzeugt die biologisch relevanten Compton-, Photo- oder Paar-Elektronen durch stochastische Quantenprozesse, also räumlich und zeitlich unkorreliert. Geladene Teilchen produzieren eine Spur von freien Elektronen und Ionen, wobei der Spurdurchmesser nur von der spezifischen Energie der Teilchen abhängt, also unabhängig von der Ordnungszahl der Teilchen ist. Die Dichte der Ionisations-Ereignisse oder der freien Elektronen hängt dagegen kritisch von der Ladung, d. h. von der Ordnungszahl der Projektile ab. Die biologische Wirkung der Teilchenspur eines geladenen Teilchens ist daher mit einer heißen Nadel (thermospike) zu vergleichen, wobei die Temperatur (= Ionisationsdichte) und der Durchmesser voneinander unabhängig über die Energie und die Ordnungszahl variiert werden.

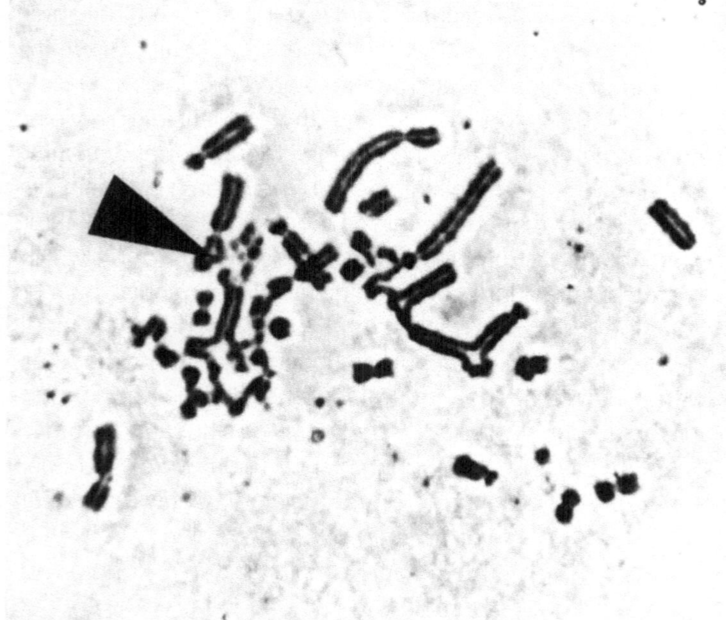

Bild 20: Chromosomen-Aberration von Zellen des Chinesischen-Hamsters nach Schwerionenbestrahlung. Der Pfeil zeigt einen Chromosom-Bereich mit mehreren lokalen Schäden.

Experimentell wurde dies durch Untersuchungen der Chromosomen-Aberrationen von V79-Zellen des Chinesischen Hamsters bestätigt. Die Schwerionenschäden an den Chromosomen zeigen kleine lokale Bereiche hoher Schadensdichte, während andere Bereiche nicht getroffen wurden (Bild 20). Die Experimente am Unilac, die von der Gesellschaft für Schwerionenforschung (GSI) zusammen mit Gästegruppen aus verschiedenen Universitäten durchgeführt wurden, zeigen außerdem, daß die Wirkungsweise der schweren Teilchen erheblich von den Vorstellungen abweicht, die man aus der Extrapolation der Ergebnisse mit α-Teilchen und anderen leichten Ionen gewonnen hatte. Der ursprünglich geforderte Overkill-Effekt – eine Überproduktion von biologischen Schäden, die weit über den Letalschaden hinausgeht – konnte nicht verifiziert werden. Dies gilt für verschiedene Objekte (Bakterien, Viren, Hefe, Säugetierzellen) und fast alle untersuchten Endpunkte (Inaktivierung, Mutation, Chromosomen-Aberration, DNA-Strangbrüche).

Mittelfristiges Ziel der strahlenbiologischen Experimente ist es deshalb, auf physikalischer, chemischer und biomolekularer Ebene die Wirkung schwerer Ionen zu untersuchen; dazu sollen die Elektronenproduktion (kontinuierliches Spektrum), die Dosisverteilung in der Teilchenspur und die Schädigung biologischer Makromoleküle in und außerhalb der Zelle untersucht werden. Es ist außerdem geplant, mit einem Elektronenspin-Resonanz-Spektrometer die Produktion und die Reaktionskinetik von verschiedenen Radikalen in der Teilchenspur zu messen.

Zusammenfassung und Ausblick

Schwerionenstrahlen eröffnen der Medizin neue Möglichkeiten in der Tumortherapie sowie in einigen diagnostischen Verfahren.

Angeregt durch diese medizinischen Aspekte wurde auch die biologische Forschung der Wirkungsweise geladener Teilchen intensiviert. Dabei zeigte sich, daß die Strahlenbiologie mit Ionenstrahlen auch in der Grundlagenforschung biologische Fragestellungen behandeln kann, die bis jetzt strahlenbiologisch nicht zugänglich waren. Es ist deshalb zu erwarten, daß sowohl auf dem medizinischen Sektor wie in der Biologie die Forschung mit Ionenstrahlen intensiviert wird.

Andere Anwendungsmöglichkeiten der Schwerionen in der Medizin ergeben sich auch durch die Konstruktion neuartiger Geräte, z.B. eines von der Gesellschaft für Schwerionenforschung (GSI) in Zusammenarbeit mit der TH Aachen entwickelten Meßgerätes zur Untersuchung der Flexibilität von menschlichen Blutkörperchen.

Beschleuniger in Material- und Festkörperforschung

HARTMUT H. BERTSCHAT

Festkörperphysik ist die Physik des festen Aggregatzustandes, in dem die Atome oder Moleküle untereinander so fest gebunden sind, daß sie ihre räumlichen Abstände zueinander nicht ändern. Festkörper haben entweder kristalline, also periodisch geordnete oder ungeordnete, sogenannte amorphe Strukturen. Dies gilt für die räumliche Anordnung der Atome. Außerdem gibt es noch zahlreiche andere Ordnungsparameter, etwa die Orientierung elektronischer Spins. So existieren amorphe ferromagnetische Stoffe, in denen der ungeordneten räumlichen Anordnung der Atome eine geordnete Orientierung der atomaren Spins überlagert ist.

Das Gebiet der Festkörperphysik umfaßt Untersuchung und Erklärung aller Eigenschaften der Stoffe im festen Zustand.

Historisches zur Festkörperphysik

Kaum ein Zweig der Physik hat sich in den letzten Jahrzehnten – in Umkehrung mancher Tendenzen im vorigen Jahrhundert – so interdisziplinär entwickelt wie die Festkörperphysik. Während sich früher die Physik in Einzelgebiete separierte – orientiert an den menschlichen Sinnesorganen –, zeigen sich nun zunehmend integrierende Tendenzen. Bedeutsame Fortschritte in der Festkörperphysik resultieren gerade aus der Anwendung von Methoden anderer physikalischer Disziplinen. Als eines der jüngsten Beispiele hierfür sind die Meßmethoden der Strahlen- und Kernphysik im Zusammenhang mit Teilchenbeschleunigern zu nennen, das Thema dieses Kapitels.

Aber schon im Altertum lassen sich integrierende Auffassungen beobachten; so diskutierten Vorsokratiker, ob magnetische Stoffe der Biosphäre zuzurechnen seien, weil sich ferromagnetische Stoffe unter bestimmten Umständen von selbst bewegen können. Archimedes, ein Wegbereiter analytischen Denkens, zeigte beispielhaft an der Behandlung von Einzelproblemen generelle Lösungen auf, was er vor allem durch theoretische und mathematische Untersuchungen erreichte. Am bekanntesten sind seine Berechnungen und Messungen zum Auftrieb fester Körper in Flüssigkeiten.

Das Mittelalter fand wenig Anreiz zu erforschen und zu prüfen, was die Welt im Innersten zusammenhält. Lediglich das aus dem Altertum übernommene Begehren, aus un-

Bild 1: Alchemistenküche. Mit großer Verzweiflung wird noch mit letzten Mitteln nach alten Vorschriften Gold zu erzeugen versucht. Im 2. Bildteil, durchs Fenster gesehen, wird dann die Familie des Forschers ins Armenhaus geleitet.

edlen Metallen Gold herzustellen, entwickelte die esoterische Wissenschaft zu höchster Blüte. Forscher und Scharlatane bemühten sich jedoch vergeblich, beispielsweise aus Blei Gold herzustellen.

Erst heute, in der 2. Hälfte des 20. Jahrhunderts wäre es möglich, mit Hilfe von Schwerionenbeschleunigern etwas umwegig über Kernreaktionen Blei in Gold zu verwandeln. Durch Beschuß von Osmium (^{190}Os) mit Kohlenstoff (^{12}C) würde radioaktives Blei (^{197}Pb) hergestellt, das im Laufe von einigen Tagen zu stabilem, das heißt nichtradioaktivem Gold (^{197}Au) zerfällt. Vergleicht man das Bild einer mittelalterlichen Alchemistenküche (Bild 1) mit dem Bild einer Arbeitsgruppe auf dem Kernstück einer mo-

Bild 2: Ein Teil der Mitarbeiter bei VICKSI, einer Schwerionenbeschleunigeranlage am Hahn-Meitner-Institut, posiert auf dem Kernstück der Anlage, dem Zyklotron. Im Betrieb ist die Halle wegen der radioaktiven Strahlung menschenleer. Der Raum ist fensterlos.

dernen Schwerionenbeschleunigeranlage (Bild 2), so verdeutlicht dies den langen Entwicklungsweg. Es sei noch vermerkt, daß bei Beschleunigerkosten von 2000 Mark pro Stunde ein Gramm Gold etwa 1 Billion Mark kosten würde.

In der Neuzeit, im 18., besonders im 19. Jahrhundert entwickelte sich die Festkörperphysik in eine zunehmend eigenständige Disziplin von weitgehend beschreibendem Charakter. Dichte, Festigkeit, Schesmodul und viele andere makroskopische Eigenschaften wurden bestimmt, aber auch schon Eigenschaften, die mit anderen Disziplinen eng verknüpft sind, wie Lichtdurchlässigkeit aus dem Gebiet der Optik oder Leitfähigkeit aus dem Gebiet der Elektrizitätslehre.

Solange makroskopische Eigenschaften untersucht wurden, war der Weg zu einem Verständnis der physikalischen Eigenschaften noch weit. Erst als es gelang, Untersuchungen im Mikroskopischen auf der Skala atomistischer Größenordnungen durchzuführen, war ein ganz wesentlicher Verständnisschritt gelungen. Zu den bedeutendsten Fortschritten auf diesem Gebiet führten die Vorschläge von Max von Laue, mittels Röntgenstrahlung die Kristallstruktur der Festkörper zu untersuchen (1912). Dies ist wohl eines der glänzendsten Beispiele, wie die Verknüpfung unterschiedlichster Disziplinen zu wertvollen Fortschritten verhilft: Die Kristallstruktur der Festkörper wurde aufgeklärt und zugleich der elektromagnetische Charakter der Röntgenstrahlung bewiesen. Elektromagnetische Strahlung, etwa Synchrotronstrahlung aus großen Beschleunigeranlagen, ist heute wieder ein bevorzugtes Mittel in der Materialforschung.

Weitere Entwicklungen ergaben sich durch Materialbestrahlungen mit Elektronen und Neutronen. Dieser wohl umfangreichste Zweig der Festkörperforschung durch Partikelbestrahlung ist nicht Gegenstand dieses Artikels. Stattdessen werden Beiträge vorgestellt zur Festkörperphysik, die an den Ionen-, besonders Schwerionenbeschleunigern der Großforschungseinrichtungen in Deutschland erbracht wurden.

Untersuchungsmöglichkeiten des Festkörpers mit Ionenstrahlen

Das Spektrum der Untersuchungsmöglichkeiten mit Ionenstrahlung sei kurz skizziert.

Beim Beschuß mit niederenergetischen schweren Ionen wird die Oberfläche eines Festkörpers abgetragen. Hierdurch können Probenoberflächen gereinigt, dünne Schichten entfernt werden. Bei höheren Ionenenergien dringen die Ionen in den Festkörper ein.

Ein weites Forschungsprogramm war es, die Reichweite verschiedener Ionenarten mit unterschiedlicher Energie in Festkörpern zu messen. Ein Sonderfall tritt ein, wenn der Festkörper ein Einkristall ist, d.h. wenn die Atome in ununterbrochener Regelmäßigkeit angeordnet sind. Treffen dann die Ionen parallel zu einem Atomkanal auf den Kristall, haben sie dank der Ionenführung eine besonders große Eindringtiefe (Bild 3). Entlang ihres Weges im Festkörper und in der Umgebung, in der sie zur Ruhe kommen, erzeugen die Ionen Veränderungen in der kristallinen Struktur des Kristalls. Solche Veränderungen werden Gitterfehler genannt.

Im Rahmen der Material- und Werkstoffforschung spricht man von Strahlenschäden, wenn die Veränderungen der Struktur sich auf makroskopische Eigenschaften der Materialien auswirken, meist in beeinträchtigender Form. Die Untersuchung von Strahlenschäden bildet ein weites Gebiet im Rahmen der Festkörperphysik. Wir haben diesem deshalb einen eigenen Abschnitt gewidmet.

Gelingt es, die Strahlenschäden im Festkörper unter Kontrolle zu halten, kann mit Hilfe der implantierten Ionen ein Kristall, insbesondere die unmittelbare Umgebung der Ionen im Kristall, untersucht werden. Ein neuerer Zweig der Festkörperphysik ist in jenen Untersuchungen entstanden, bei denen über elektrische und magnetische Wechselwirkungen der implantierten Ionen

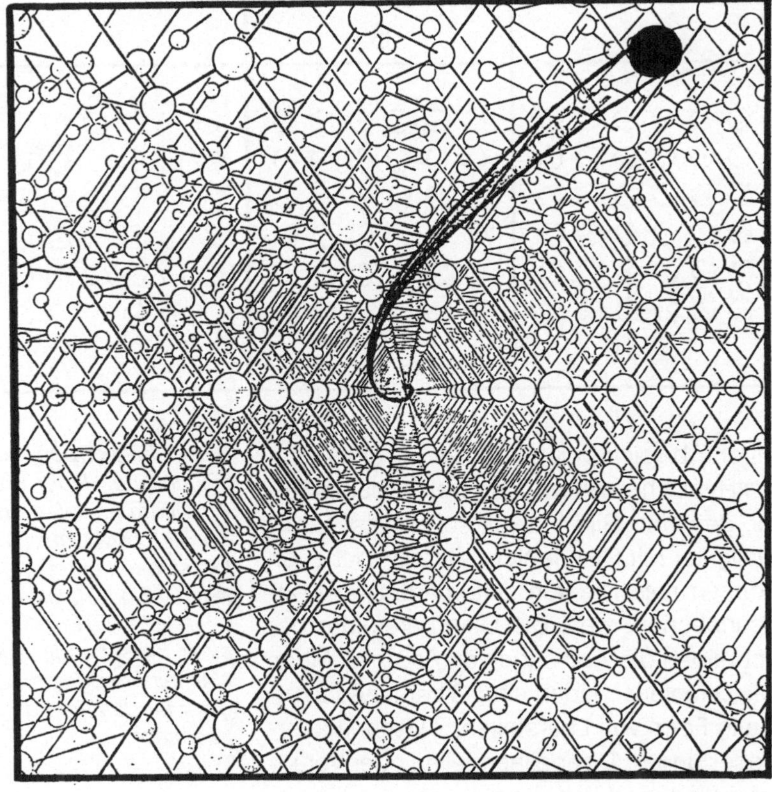

mit ihren Nachbarionen im Kristallgitter Informationen zu Festkörpereigenschaften geliefert werden.

Strahlenschäden

Jede elektromagnetische Strahlung, jede Partikelstrahlung erzeugt Strahlenschäden in Abhängigkeit von ihrer Intensität und ihrer Energie. Am bekanntesten sind die Strahlenschäden, die vom Sonnenlicht in der Haut oder in einem Buchrücken erzeugt werden.

Bei allen Experimenten mit Strahlung hat man unabhängig von der experimentellen Zielsetzung zu bedenken, inwieweit die Ergebnisse von den begleitenden Strahlenschäden beeinflußt sind oder werden; häufig sind die Strahlenschäden selbst Ziel der Messung. In der Anwendung, insbesondere in der Reaktortechnik, spielt die beeinträchtigende Wirkung der Strahlenschäden auf Materialien eine bedeutsame Rolle. Es gibt daher einen großen Bereich im Rahmen der Material- und Festkörperforschung, in dem die Strahlenschäden untersucht werden und nach strahlungsresistenten Materialien geforscht wird.

Es soll daher zunächst verdeutlicht werden, was Strahlenschäden sind, und dies erklärt sich am besten im mikroskopischen Bereich. Eine schematische Darstellung verschiedener Strahlenschäden gibt Bild 4 wieder.

Gitterfehler

In kristallinen Festkörpern sind die Atome in periodisch wiederkehrenden Anordnungen vorzufinden. Man spricht von einem Kristallgitter. Abweichungen von der für einen Kristall typischen Anordnung werden Gitterfehler genannt. Bild 4 zeigt schematisch Kristallgitter mit Gitterfehlern. Strahlenschäden können mit Hilfe von Gitterparametern beschrieben werden. Die Gitterparameter beschreiben die Abstände von Atom zu Atom. Die Strahlenschäden sind Gitterschäden etwa in Form von Leerstellen, Zwischengitterbesetzungen, Doppelleerstellen oder Verunreinigungen durch fremde Atome. Einem einzelnen Gitterfehler sieht man nicht an, von welcher Art Strahlung er herrührt.

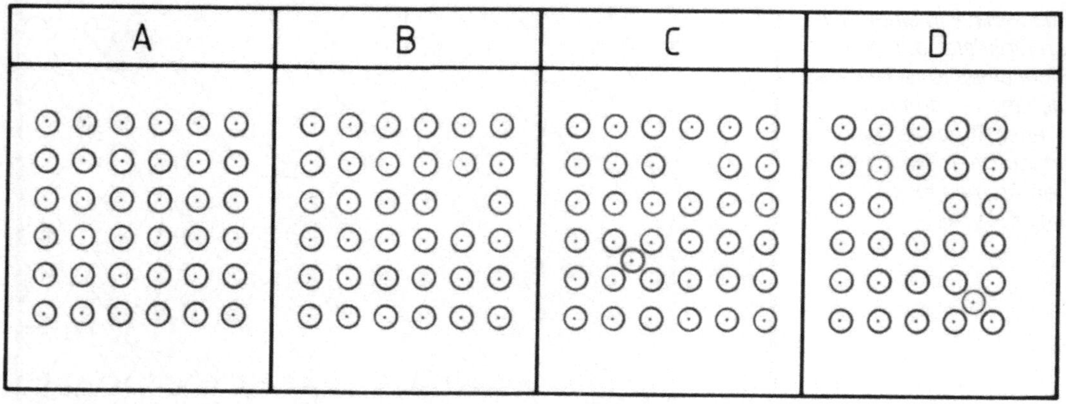

Könnte man ein in den Kristall eindringendes Ion beobachten, sähe man folgende Vorgänge: Das eindringende Ion stößt mit den Elektronen und Atomen des Gastgitters zusammen. Bei jedem Stoß verliert es an Energie, bis es zur Ruhe kommt. Bei hohen Energien des Teilchens überwiegen die Stöße an den Elektronenhüllen, bei niedrigen die atomaren Versetzungsstöße, bei denen das Ion Atome aus ihrem angestammten Gitterplatz im Kristallverband wegstößt. Wird ein Atom von seinem Platz gestoßen, ist es seinerseits als energiereiches Teilchen zu betrachten, das Gitterfehler erzeugt, bis es zur Ruhe gekommen ist. Insgesamt erzeugt ein Teilchen, das in einen Kristall eindringt, eine ganze Kaskade von Defekten, die bei niederenergetischen Ionen aus einigen wenigen Defekten bestehen kann, aber bei höheren Energien aus Zehntausenden. Der

Bild 4: Festkörpermodelle in zweidimensionaler Darstellung. Jeder Kreis bedeutet ein Atom mit Atomkern. Auf einen Zentimeter passen 100 000 000 Atome. (A) Ein heiler Kristall. Die Atome sind fehlerfrei angeordnet, sie bilden ein Gitter. (B) Ein Kristall mit einem Gitterfehler: eine Leerstelle. (C) Ein Kristall mit einer Leerstelle und einer Zwischengitterbesetzung (rot). (D) Ein Kristall mit Fremdatom; der Kristall bildet das Gastgitter für das Fremdatom. In seiner Nähe ist eine Leerstelle.

gesamte Abbremsvorgang liegt in der Größenordnung von einem Bruchteil einer milliardstel Sekunde.

Die Schäden an den Elektronenhüllen, die insbesondere zu Anfang entstehen, sind in Metallen sehr schnell wieder ausgeheilt, etwa in der gleichen Zeit, die der Abbremsvorgang dauert. Die strukturellen Fehler im Kristallgitter heilen sehr langsam, in Stunden oder in Jahren oder gar nicht aus, je nach Temperatur des Materials.

Elektromagnetische Strahlen, also Gamma- oder Röntgenstrahlen, und auch Neutronen treffen im Kristallverband auf ein Atom, geben einen Teil der Energie an dieses Atom ab, das dann seinerseits als Ion durch das Gitter fliegt und wie ein von außen eingedrungenes Ion Schäden produziert.

Es existiert jedoch ein wesentlicher Unterschied zwischen elektromagnetischer Strahlung und Neutronenstrahlung einerseits und der Strahlung geladener Teilchen

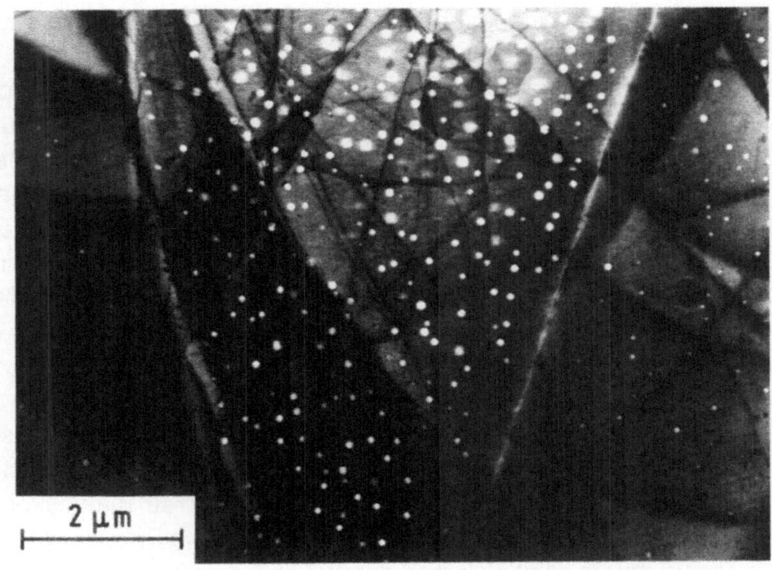

*Bild 5: Elektronenmikro-
skopische Aufnahme von
Poren in reinem Kupfer
(525° C, 60 dpa) an einer
sehr dünnen Probestelle
(KFK)*

(Ionen) andererseits: Gamma- oder Neutronenstrahlen können tief (bis zu Metern) in einen Festkörper eindringen, bevor sie ihre schädigende Wirkung verlieren. Ionenstrahlen, insbesondere Schwerionenstrahlen, dagegen geben ihre Energie an das Gastgitter sehr bald ab, schon im Bereich der ersten Zehntel eines Millimeters im Material. Für die Forschung ist dies von Vorteil, da man bei Schwerionenbestrahlung mit sehr kleinen und dünnen Materialproben auskommt.

Gitterfehler, wie sie auch durch Strahlenschäden entstehen, kommen von Natur aus in jedem Material vor. Nachteilig für die Qualität des Materials ist erst die Anhäufung von Einzeldefekten, die durch andauernde Bestrahlung entsteht. Das ist etwa bei Reaktormaterialien der Fall. Leerstellen neigen dazu, sich aus energetischen Gründen zu Leerstellen zu gesellen. Es kommt bei langer Bestrahlung zu großen Anhäufungen von Leerstellen und damit zu Hohlräumen, zur Porenbildung. Diese können sogar elektronenmikroskopisch sichtbar gemacht werden (Bild 5). Die Porenbildung im Mikroskopischen bewirkt ein Schwellen des Materials und eine Veränderung seiner Eigenschaften im Makroskopischen.

In der Grundlagenforschung, die sich mit Gitterstruktur und Gitterfehlern der Kristalle, auch mit Verunreinigen (Legierungen) und den damit verbundenen dynamischen Vorgängen befaßt, ist der Begriff „Strahlenschäden" zweitrangig, wenn nicht bisweilen irreführend. Abschrecken der Materialien aus der Schmelze ist *eine* Form der Erzeugung von Gitterfehlern, mechanische Kaltverformung eine *andere*, Bestrahlung von Materialien ist ein *drittes* Mittel, um Strukturveränderungen zu erzeugen und zu studieren. Das Studium der Gitterfehler dient dem Verständnis physikalischer Vorgänge im mikroskopischen Bereich; dies ist Grundlage für alle weitergehenden Forschungen, auf dem Gebiet der Metallurgie. Perfekte Reinstkristalle sind schön, aber uninteressant. Ein Ring aus reinstem Gold ist weich und hält nicht lange. Erst das maßvolle Beimischen von Fremdmetallen erzeugt Stabilität.

Für die Grundlagenforschung ist bedeutsam, daß in Beschleunigerexperimenten viele Gitterfehler und hohe Schädigungsraten erreicht werden können, da die Ionen ihre Energie in einem sehr kleinen Materialvolumen deponieren. Schädigungen, für die man in Kernreaktoren Monate braucht, erzielt man in Ionen-, insbesondere in Schwerionenexperimenten in Minuten.

Materialforschung

In der Großforschung wird Materialforschung an Beschleunigern vor allem für Reaktorbauelemente betrieben. Ziel dieser Materialforschung ist es, Materialien zu finden, die möglichst strahlenresistent sind und die gewünschten makroskopischen Eigenschaften lange behalten. Mikroskopisch heißt dies, daß das Akkumulieren von Defekten verhindert, zumindest verzögert werden soll.

Die Erfahrung zeigt, daß dies durch Zulegieren kleiner Mengen bestimmter Elemente zu den Werkstoffstählen annähernd erreicht werden kann. Die zugefügten Elemente müssen wesentlich schneller als die Hauptkomponenten des Werkstoffs in dem Material diffundieren können. Sie diffundieren zu den Gitterfehlern und heilen sie aus. Das makroskopische Schwellen des Materials wird dadurch erheblich hinausgezögert. Diese Art von Materialforschung ist jedoch sehr mühevoll, da nicht nur sehr viele Legierungskombinationen bei verschiedenen Temperaturen ausprobiert, sondern die Beimischungen auch quantitativ variiert werden müssen. Allein die Herstellung und Vorbehandlung der Materialproben ist zeitraubend. Von unschätzbarem Vorteil ist es daher, daß mit Ionen-, besonders Schwerionenbeschleunigern die Bestrahlungszeiten sehr kurz gehalten werden können. Experimente mit leichten Ionen können an den Beschleunigern in Karlsruhe und Jülich durchgeführt werden, in Darmstadt Experimente mit schweren Ionen.

Im Zusammenhang mit den Forschungsarbeiten für einen Fusionsreaktor werden Werkstoffe benötigt, die nicht nur die Neutronenstrahlung aushalten, sondern auch die α-Strahlung; α-Teilchen sind Kerne von Heliumatomen, sie entstehen im Fusionsreaktor.

Schon jetzt wird der Einfluß von Helium auf das Kriech- und Ermüdungsverhalten der Werkstoffe untersucht, indem man mit Leichtionenbeschleunigern Werkstoffe mit α-Teilchen beschießt, und zwar in Karlsruhe und in Jülich. In Karlsruhe wurde eine mittelenergetische Dual-Beam-Anlage eingerichtet. Dazu erhielten die beiden vorhandenen Zyklotrons, das Isochron-Zyklotron als α-Teilchen-Lieferant und das Kompaktzyklotron als Protonenstrahlproduzent, eine gemeinsame Targetstation, in der Materialproben auf makroskopische Eigenschaften, wie etwa Ermüdungserscheinungen, untersucht werden können. Die Kombination der beiden Beschleuniger ermöglicht es, simultan Werkstoffe mit Helium zu beladen *und* Strahlenschäden zu erzeugen. Dieses Experiment ermöglicht es, die späteren Belastungen der ersten Wand im Fusionsreaktor zu simulieren.

Mikroskopische Untersuchungen

Bisher wurde beschrieben, wie der Begriff „Strahlenschäden" im Mikroskopischen als Gitterfehler zu verstehen ist und welche Auswirkungen diese Gitterfehler auf makroskopische Eigenschaften der Materialien haben. Einige Arbeitsgruppen beschäftigen sich mit der Identifizierung und Deutung der mikroskopischen Strahlenschäden, also der Gitterfehler, die durch Strahlung erzeugt werden. Auch hier werden makroskopische Methoden, wie die Widerstandsmessung, angewandt aber das vorliegende Kapitel beschränkt sich auf Beschleunigerexperimente mit *mikroskopischen* Methoden.

Bei der Betrachtung eines Kristallgitters soll nun berücksichtigt werden, daß die Atome Elektronenhüllen haben und daß die Elektronen der Atome untereinander Kontakt aufnehmen und sich gegenseitig beeinflussen; bisher wurden die Atome im Festkörperverband lediglich als geometrische materielle Bausteine angesehen. Die äußeren Elektronen der Hülle können sich auch von Atom zu Atom bewegen. In vielen Fällen bewegen sich die Elektronen sogar zwischen den Atomen durch den ganzen Kristallverband. Die Atome im Kristallverband sind nicht elektrisch neutral, sondern geladen, und es entstehen starke ortsabhängige elektrische Felder. Die Ortabhängigkeit der Felder wird durch elektrische Feldgradienten ausgedrückt. Neben den elektrischen gibt es auch magnetische Felder unterschiedlichster Stärke, die ebenfalls von Elektronen erzeugt werden.

Im Kristallgitter, in dem die Atome periodisch angeordnet sind, nehmen auch die elektrischen und die magnetischen Felder eine periodische Struktur an. Fehlt ein Atom (Leerstelle), sind die Nachbaratome in ihrer periodischen Struktur respektive in ihrer Symmetrie stark gestört, dies spiegelt sich in den elektrischen Feldern. Ist ein Atom zu viel in der Nähe (Zwischengitterbesetzung), wird der elektrische Feldgradient drastisch anders sein. Wenn es eine Möglichkeit gibt, die verschiedenen elektrischen Feldgradienten von Atom zu Atom und damit von Atom zu spezifischen Gitterfehlern zu messen, kann man die Gitterfehler direkt identifizieren. Eine Meßmöglichkeit gibt es: Die elektrischen Feldgradienten und die magnetischen Felder machen sich an den *Kernen* der Atome bemerkbar und wirken auf sie ein. Die Wechselwirkung zwischen elektrischen Feldgradienten oder magnetischen Feldern und Atomkernen heißt in der Fachsprache elektrische oder magnetische Hyperfeinwechselwirkung.

Meßbar wird die Hyperfeinwechselwirkung, wenn die Atomkerne radioaktiv sind. Beschleuniger aber sind die richtigen Instrumente, um radioaktive Kerne (Sondenkerne) zu erzeugen, und seit einigen Jahren werden in Beschleunigerexperimenten Hy-perfeinwechselwirkungen in Festkörpern gemessen. Die Messungen der Hyperfeinwechselwirkung sind sehr empfindlich. Es kann hier, wie in allen anderen Experimenten auch, das Verhalten der Gitterfehler in Abhängigkeit von der Probentemperatur untersucht werden, in diesem Fall jedoch aus der mikroskopischen Sicht einzelner Sondenkerne. Besonders stellen sich folgende Fragen: Wann heilen Gitterfehler aus? Wie lang sind die Ausheilzeiten? Wie verhalten sich die einzelnen Gitterfehler, wenn dem Kristall Spuren anderer Elemente hinzulegiert werden? In welcher geometrischen Anordnung werden Gitterfehler an die radioaktiven Sonden angelagert? Diese Form der Grundlagenforschung dient somit besonders dem elementaren Verständnis dessen, was früher – wie oben beschrieben – empirisch gefunden wurde.

Lange Zeit galt, daß durch Schwerionen erzeugte Strahlenschäden so massiv seien, daß sinnvolle Messungen zu einzelnen Gitterfehlern nicht gemacht werden könnten. Die Experimente haben gelehrt, daß diese Befürchtungen nicht zutreffen. Ein schweres Ion erzeugt auf seinem Abbremsweg zahlreiche Gitterfehler, ohne jedoch den Kristall im Bereich der Defektkaskade zu amorphisieren, also die kristalline Struktur total zu zerstören. Die empfindliche Hyperfeinwechselwirkung mißt nur ein mikroskopisch kleines Gebiet von 2 bis 3 Atomlagen aus, so daß auch in Schwerionenexperimenten die Identifizierung einzelner Gitterfehler möglich ist.

Daß es tatsächlich möglich ist, einzelne, völlig isolierte Gitterfehler in einem ansonsten wohlgeordneten Kristall zu untersuchen, zeigt das folgende Neutrino-Rückstoß-Experiment.

Der Schwerionenbeschleuniger VICKSI in Berlin wurde dazu benutzt, radioaktive Atomkerne des Elements Zinn (^{111}Sn) tief in eine Kupferprobe zu implantieren. Die Probe wurde danach geheizt und nachweislich von allen Schäden geheilt, die durch den Schwerionenbeschuß entstanden waren. Bei ihrem radioaktiven Zerfall erhalten die ^{111}Sn-Kerne eine Rückstoßenergie – verursacht durch ein ausgesandtes Neutrino (ein Teilchen, von dem man noch nicht einmal weiß, wie leicht es ist) –, die gerade dazu ausreicht, ein einziges Defektpaar zu erzeugen: eine Leerstelle und eine Zwischengitterbesetzung (Bild 4 C). Auf diese Weise konnte sehr genau ein elementarer Defekterzeugungsprozeß studiert werden, und Vergleiche zu anderen Experimenten mit Hyperfeinwechselwirkungen waren möglich. Auch an dieser Stelle zeigte sich der interdisziplinäre Fortschritt der Physik: Noch vor wenigen Jahren schien es aussichtslos zu sein, mit festkörperphysikalischen Methoden den winzigen Neutrinorückstoß nachzuweisen.

Amorphe Materialien

Seit einigen Jahren wird die Idee diskutiert, daß amorphe Materialien günstige Werkstoffe für Reaktorbauelemente sein könnten. Amorph heißen Festkörper, die keine Kristallstruktur besitzen, bei denen die Atome also völlig regellos angeordnet sind. Glas, wie etwa Fensterglas, ist ein bekanntes amorphes Material. Es wird erwartet, daß in metallischen amorphen Materialien durch Bestrahlung keine wesentlichen Änderungen der makroskopischen Eigenschaften auftreten. Zumindest sind Gitterfehler nicht möglich. Diese bevorzugte Gruppe von amorphen Substanzen heißen auch metallische Gläser. Sie bestehen aus Legierungen mit im wesentlichen metallischen Komponenten. Einige der Gläser mit guten Werk-

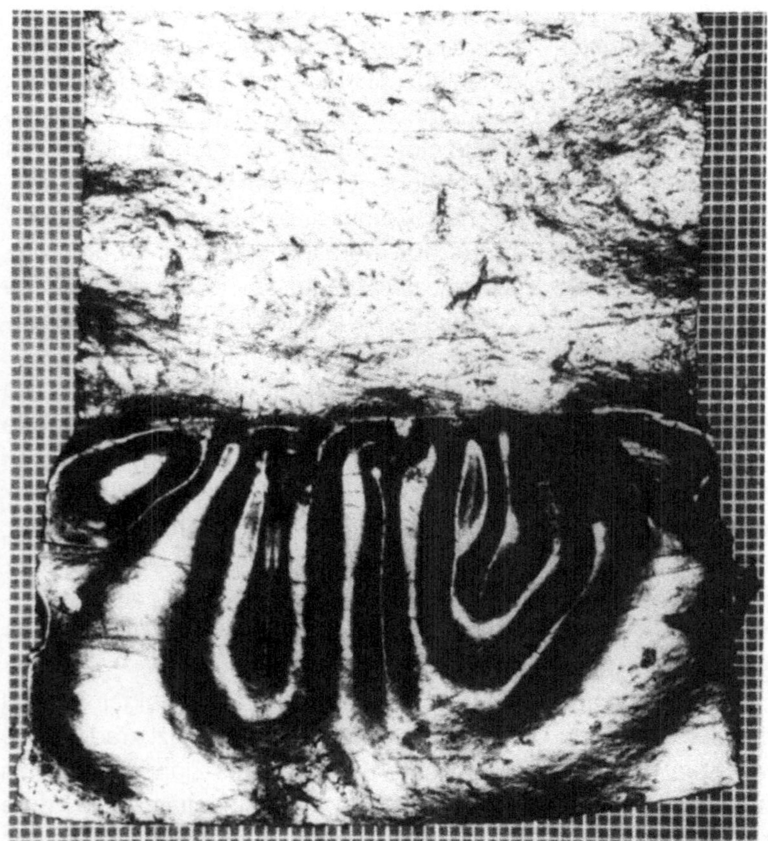

Bild 6: Probe eines metallischen Glases, das nur im unteren Teil mit Krypton-Ionen bestrahlt wurde. Ein Objektträger mit 25-µm-Raster ist der Probe zur photographischen Aufnahme unterlegt. Die hellen und dunklen Streifen rühren von Licht und Schatten her (HMI Berlin).

stoffeigenschaften könnten als Materialien für Reaktorbauelemente in Frage kommen.

Viele verschiedene metallische Gläser wurden aus *einer* Richtung mit einem Schwerionenstrahl beschossen. Überraschenderweise trat bei allen Proben eines der gravierendsten Strahlenschadenphänomene auf, das bei kristallinen Proben in dem Maße bisher überhaupt nicht bekannt war. Bei vergleichsweise geringer Änderung der Dichte zeigten sich makroskopisch sichtbare Formveränderungen, die als bestrahlungsinduziertes Wachstum bezeichnet werden (Bild 6). Allerdings könnte es sein, daß sich bei ungerichteter Bestrahlung, wie sie im Reaktor vorkommt, die Wachstumsursachen herausmitteln, somit ist hier noch weitere Forschung notwendig.

Atomkerne als Spione im Festkörper

Schwerionenbeschleuniger dienen dazu, Kernreaktionen zu studieren und über Kernreaktionen neue, radioaktive Kerne zu erzeugen. Ein Zweig der nuklearen Festkörperphysik benutzt diese Maschinen, um für festkörperphysikalische Experimente geeignete radioaktive Kerne herzustellen, sie in die zu untersuchenden Proben zu implantieren und dann einen Einblick in den Kristall aus der Sicht der innersten Bestandteile, der Atomkerne, zu gewinnen.

Das Prinzip dieser Art von Experimenten ist sehr einfach: Eine Probe, etwa ein Stück des Metalls Scandium, wird in das Vakuum eines Schwerionenbeschleunigers gebracht. Die Maschine beschießt mit einem Schwerionenstrahl, beispielsweise aus Kohlenstoff, diese Scandiumprobe. Über Kernreaktionen werden die vom Kohlenstoff getroffenen Scandiumkerne in Eisenatomkerne umgewandelt.

Die Eisenkerne erhalten eine gewisse Rückstoßenergie, fliegen durch das Scandiumgitter etwa $\frac{1}{1000}$ mm weit, verlieren ihre kinetische Energie durch Erzeugung von Gitterfehlern und kommen im Scandiumgitter zur Ruhe, meist an einem Ort, an dem vorher ein Scandiumatom saß. Dort fangen sie Elektronen ein und sind nun als Eisenionen im Gastgitter Scandium implantiert.

Mit anderen Schwerionensorten können andere Elemente ins Scandium implantiert werden. Wünscht man Eisenionen in andere Elemente zu implantieren, belegt man die Probe mit einer dünnen Scandiumfolie, so daß die Eisenionen aus der Scandiumfolie heraus in die Gastgitterprobe hinein implantiert werden. Auf diese Weise kann man nahezu jedes Element des Periodensystems in ein beliebiges Gastgitter implantieren. Ein Schwerionen-Beschleuniger bietet Implantationsmöglichkeiten wie keine andere Technik. Dies wird auch ausgenutzt, um Zwangslegierungen herzustellen, die mit herkömmlichen Verfahren nicht erzeugt werden können, etwa um neue Supraleiter herzustellen. Es handelt sich hierbei jedoch um sehr stark verdünnte Legierungen, insbesondere wenn das neue Element über Kernreaktionen erzeugt wird, denn die „Ausbeute" an neuen Kernen ist gering. Typische Strahlstärken eines Schwerionenbeschleunigers sind 10 Milliarden Ionen pro Sekunde, die in die Probe geschossen werden. Damit werden allerdings wegen der kernphysikalisch bedingten geringen Ausbeute nur ca. 10 000 Kerne des neuen Elements erzeugt.

Die implantierten Kerne, die Sondenkerne, sind angeregt, sie senden also Strahlung aus, meist Gamma-Strahlung, die dem Physiker – über die Detektoren – Botschaften aus ihrer unmittelbaren Umgebung übermittelt. Die Sondenkerne selbst haben bestimmte magnetische und elektrische Eigenschaften (in der Fachsprache: Momente). Diese Momente treten in Wechselwirkung – der sogenannten Hyperfeinwechselwirkung – mit den magnetischen und elektrischen Feldern des Gastgitters in der unmittelbaren Umgebung des Sondenkerns, also in der Umgebung von höchstens 2 bis 3 Atomlagen. Beispielsweise werden durch die Elektronen des implantierten Ions im Zusammenwirken mit den Elektronen der Nachbarionen Magnetfelder erzeugt.

Das Magnetfeld wirkt auf den „Elementarmagneten", genauer, auf das magnetische Moment des Sondenkerns, und versetzt den Kern in eine Kreiselbewegung. Die Kerne senden dann elektromagnetische Strahlung mit Intensitätsschwankungen aus, deren Frequenz der Frequenz der Kreiselbewegung entspricht. Über eine Frequenzmessung erhält man somit Informationen über Elektronenkonfigurationen im Festkörper. Atomkerne können sehr starken magnetischen Feldern ausgesetzt sein. Edelgase oder besonders die Seltenen Erden erfahren in ferromagnetischen Gastgittern, z.B. Eisen, Magnetfelder in der Größenordnung von 100 Tesla. (In einem Elektromagneten von nur 1 Tesla Stärke ist beispielsweise ein Schraubenzieher mit den Händen kaum noch festzuhalten.)

Mit den Messungen der *magnetischen* Hyperfeinwechselwirkung können viele kristallinterne Probleme studiert werden, wie etwa Übergänge von einer magnetischen zu einer unmagnetischen Phase.

Die *elektrische* Hyperfeinwechselwirkung wird wirksam, wenn Sondenkerne gewählt werden, die elektrische Momente haben. Dies sind Kerne, deren Gestalt von der Kugelform abweicht, die also zigarren- oder diskusförmig sind. Solche Kerne eignen sich dazu, elektrische Feldgradienten im Kristallgitter auszumessen. Bei kugelsymmetrischer Anordnung der Atome im Gitter, wie in Eisen, Silber oder Tantal, existiert kein elektrischer Feldgradient, und Kerne mit elektrischem Moment zeigen keine Wirkung. Bei Kristallgittern ohne Kugelsymmetrie wie Zink, Gallium oder Wismut existieren elektrische Feldgradienten; die Sondenkerne zeigen eine ähnliche Reaktion wie in Magnetfeldern, was sich auch hier in einer Frequenzmessung nutzbar machen läßt.

Während aus den Experimenten von Max von Laue Informationen über die räumliche Anordnung der Bausteine der Atome im Kristallgitter erhalten wurden, lehrt die elektrische Hyperfeinwechselwirkung etwas über die Variation der elektrischen Felder im Kristall, die von den Kristallbausteinen erzeugt werden. Wegen der hohen Empfindlichkeit der Hyperfeinwechselwirkungen kann auf kleinstem Raum gemessen werden, von Atom zu Atom. Es wird nun verständlich, warum – wie bereits angedeutet – über die elektrische Hyperfeinwechselwirkung auch Informationen zu Gitterfehlern oder gar Strahlenschäden möglich werden. In einem kubischen Gitter wie Silber existiert an einem Gitterplatz, an dem der Sondenkern zur Ruhe gekommen ist, kein elektrischer Feldgradient, es sei denn, an einem Nachbaratomort befindet sich ein Gitterfehler, etwa eine Leerstelle. Diese Unsymmetrie bewirkt einen sehr starken Feldgradienten. Gitterfehler und somit auch Strahlenschäden können über die Hyperfeinwechselwirkung daher mit großer Empfindlichkeit untersucht werden.

Experimente zur magnetischen und elektrischen Hyperfeinwechselwirkung mit dem Ziel, Festkörpereigenschaften auf der Skala atomarer Dimensionen zu studieren, werden an mehreren Beschleunigern In Deutschland durchgeführt.

Synchrotronstrahlung

Die physikalische Disziplin Optik hat der Festkörperphysik bereits viele Dienste geleistet: Mit Licht werden die Gegenstände sichtbar; mit Licht läßt sich die Durchsichtigkeit von Kristallen prüfen. Aber das Licht im sichtbaren Bereich ist nur ein winzig kleiner Ausschnitt aus dem Bereich der möglichen Wellenlängen von 100 m (Radiowellen) bis

10^{-22} m (kosmische Gammastrahlung). Der Oberbegriff „elektromagnetische Strahlung" faßt die verschiedensten Strahlenarten zusammen, die uns als „Radiowellen", „Mikrowellen", „Infrarot", „Licht", „Ultraviolett", „Röntgenstrahlung", „Gammastrahlung" vertraut sind. Der Unterschied dieser Strahlenarten besteht nur in der Wellenlänge oder, was dasselbe ist, in der Energie. Radiowellen sind langwellig und niederenergetisch, Gammastrahlung (z. B. aus Atomkernen) ist kurzwellig und hochenergetisch. Einige Kristallarten sind für Licht durchlässig, andere für Röntgenstrahlung. Hätte man eine Strahlungsquelle zur Verfügung, die elektromagnetische Strahlung von nahezu beliebiger Wellenlänge erzeugt, wäre ein reiches Untersuchungsfeld für die Festkörperphysik geöffnet.

Solche „Lampen" existieren seit einigen Jahren in Form von großen Elektronenspeicherringen in Hamburg (Deutsches Elektronen-Synchroton/DESY) und Berlin (Berliner Elektronen-Speicherring für Synchrotronstrahlung/BESSY). Wie im Kapitel über Beschleuniger bereits dargestellt, senden elektrisch geladene Teilchen bei Beschleunigung elektromagnetische Strahlung, die Synchrotronstrahlung, aus. Diese Strahlung wurde 1946 in einem Synchrotronbeschleuniger entdeckt, tritt aber auch in jedem anderen Ringbeschleuniger auf. Eine stark wachsende Bedeutung für Forschung und Anwendung hat die Synchrotronstrahlung aber erst in den letzten Jahren erfahren.

Während in Hamburg ein Labor (Hamburger Synchrotonstrahlungs-Labor/HASYLAB) gebaut wurde, das parasitär die Synchrotronstrahlung des Doppelringspeichers DORIS ausnutzt, wurde in Berlin ein Elektronenspeicherring eigens für diese Strahlung gebaut. Die Synchrotronstrahlung überstreicht das Wellenlängengebiet von Infrarot bis zur harten Röntgenstrahlung. Mit Filtern kann die gewünschte Wellenlänge aus der sehr intensiven Strahlung aussortiert werden. Synchrotronstrahlung findet daher Verwendung in allen Bereichen der Naturwissenschaften, in Biologie, Chemie, Physik, Medizin. Für physikalische Experimente kommen selbstverständlich auch die Röntgenstrahlen in Betracht, mit denen Max von Laue den geometrischen Aufbau der Kristal-

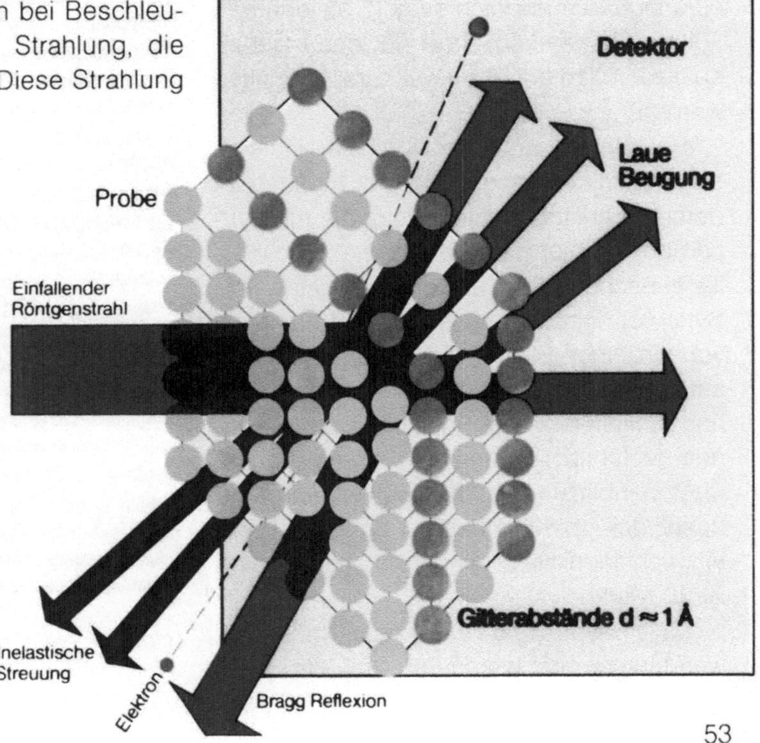

Bild 7: Ein einfallender Röntgenstrahl, dessen Wellenlänge etwa den Gitterabständen im Kristall entspricht, wird in bestimmten Richtungen gebeugt und liefert ein Muster (Laue-Beugung, Bragg-Reflexe), aus dem exakte Angaben über die geometrische Anordnung der Gitterbausteine abgelesen werden können. Daneben kann man auch inelastisch gestreute Photonen und Photoelektronen untersuchen (DESY).

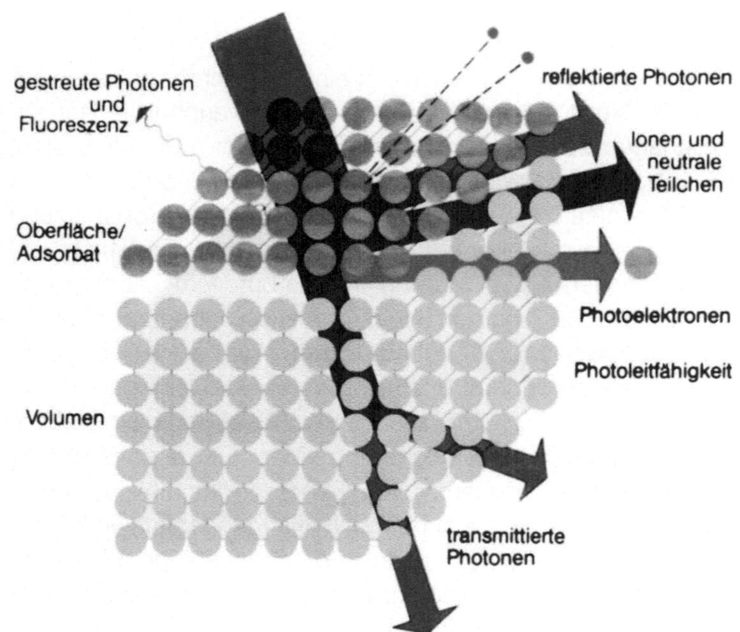

Bild 8: Bei der Wechselwirkung von Synchrotronstrahlung mit Festkörpern und Deckschichten auf Festkörpern liefert die Messung von Transmission, Reflexion, emittierten Photoelektronen, Ionen und Neutralteilchen sowie der Photoleitung genaue Auskunft über die elektronische Struktur (DESY).

le zu untersuchen begann. Bild 7 zeigt schematisch, was speziell aus einem Röntgenstrahl in einem Kristall wird.

Bei Synchrotronstrahlung spricht man verallgemeinernd von Photonen, und Bild 8 gibt schematisch einen Eindruck von den Vorgängen an der Oberfläche und im Innern eines Kristalls, wenn ein Photonenstrom eindringt. Aus der sich ständig steigernden Fülle an Experiment- und Anwendungsbeispielen sollen hier nur zwei herausgegriffen werden.

Bekanntlich können Kristalle in sich schwingen. Schwingungen gibt es auch an deren Oberflächen. Bild 9 zeigt die mit Synchrotronstrahlung sichtbar gemachte Oberflächenschwingung auf einem Kristall. Die Synchrotronstrahlung ist gepulst, weil sie von einzelnen Elektronenpaketchen ausgesandt wird, die in Abständen im Speicherring umlaufen. Jedes Paketchen erzeugt einen Lichtblitz. Stimmt die Frequenz der Photonenblitze mit der Schwingungsfrequenz der Oberflächenschwingungen überein, scheinen die Wellen zu stehen, wie es Bild 9 zeigt.

Ein zweites Beispiel sei aus einem Anwendungsgebiet angeführt: Auf ein Mas-

kensubstrat wird ein fein strukturierter Schwermetallabsorber gebracht. Die fein gebündelte Röntgenstrahlung aus der Synchrotronstrahlung reproduziert die Maske auf eine geeignete Substanz wie etwa Plexi-

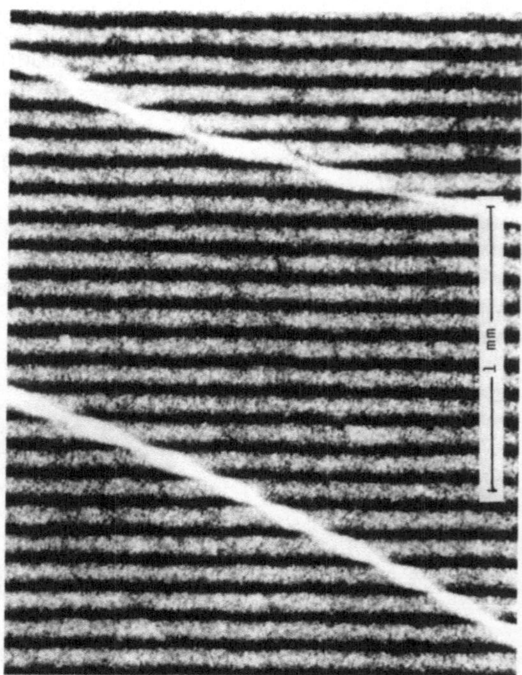

Bild 9: Oberflächenwellen auf einem Kristall, mit Synchrotronstrahlung sichtbar gemacht (DESY)

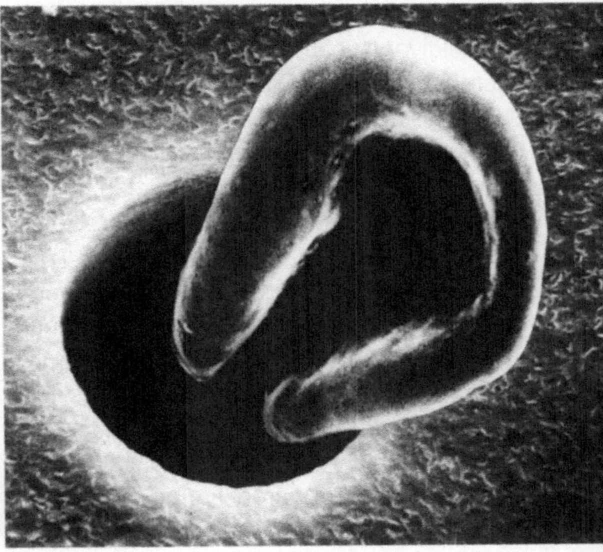

Bild 10: Feinste Strukturen (10 μm breit und 140 μm tief), die in einem PMMA(Plexiglas)-Photolack übertragen wurden. Die Herstellung erfolgte mit Synchrotronstrahlung vom Speicherring DORIS (DESY).

Bild 11: Wird eine Plastikfolie von einem schweren Ion durchschlagen, so kann durch nachfolgende Ätzung ein Kanal erzeugt werden, der mit einem Durchmesser von 5 μm den feinsten Blutgefäßen entspricht. Damit steht eine Testkapillare zur Verfügung, mit der der Durchtritt von roten Blutkörperchen durch diese kritischen Stellen gemessen werden kann (GSI)

glas. Feinste Strukturen können damit erzeugt werden (Bild 10).

Auch beschleunigte schwere Ionen sind zur Erzeugung von Mikro-Strukturen geeignet, die damit direkt in Halbleitern und Nichtleitern eingeschrieben werden können. Die mit dem Schwerionen-Strahl geschädigten Bereiche lassen sich dann herausätzen.

Da ein einziges schweres Ion entlang seiner Bahn bereits ätzbare Schäden erzeugt, lassen sich damit einzelne Kapillaren mit einem Durchmesser ab 0,1 μm (Bild 11) oder Filter mit großer Feinheit und Güte herstellen.

Mit Blick auf die historische Entwicklung scheinen aus heutiger Sicht Festkörper- und Materialforschung mit Schwerionenbeschleunigern und Synchrotronstrahlung den Zenit ihrer Bedeutungs- und Erfolgskurve noch deutlich vor sich zu haben.

Beschleuniger in der Fusionsforschung

ROLF W. MÜLLER

Unter Fusion versteht man in der Kernphysik die Verschmelzung zweier Atomkerne. In Experimenten kann sie herbeigeführt werden durch die Beschleunigung eines der beiden Kerne in einem Beschleuniger.

Hier soll von einem ganz speziellen Aspekt der Kernfusion die Rede sein, der in unserem · Sprachgebrauch einen eigenen Akzent bekommen hat: Energiegewinnung durch Fusion leichter Kerne, besonders der beiden Wasserstoffisotope Deuterium und Tritium. Für diesen großtechnischen Prozeß werden Stoffmengen im Bereich von Milligramm pro Sekunde gebraucht, das entspricht etwa 10^{20} Atomen pro Sekunde, die mit Beschleunigern niemals zu realisieren sind. Ferner wäre, wegen des Überwiegens uneffektiver Konkurrenz-Prozesse, die Energiebilanz des Fusionsprozesses negativ. Andererseits sind die Energien, die man diesen Wasserstoffkernen zur Verschmelzung übertragen muß, im Vergleich zu den Möglichkeiten eines Beschleunigers relativ gering.

Das dichte Aneinanderbringen großer Mengen von Atomkernen wie Deuterium und Tritium und die Wärmeisolation von der Umgebung nennt man Einschluß. Als Prozeß umfaßt er Kompression und Aufheizen auf sehr hohe Temperaturen, etwa 100 Millionen Grad. Fusionsreaktionen treten dann schon durch die Wärmebewegung der Atome (genauer: der Ionen, zu denen die Atome bei der hohen Temperatur werden) in großer Zahl auf. Die Energie von Stößen, die nicht zur Fusion führen, ist nicht verloren, sondern bleibt im Prozeß erhalten. Hinzu kommt ein Teil der Energie der Fusionsreaktionen (schnell bewegte Helium-Kerne), die die eingeschlossene Materie weiter aufheizt. Ein anderer Teil wird durch schnelle Neutronen abtransportiert.

Während im Inneren der Fixsterne dieser Kompressionsprozeß durch die enormen Gravitationskräfte zustande kommt, muß man zur kontrollierten Einleitung des Fusionsprozesses für energiewirtschaftliche Anwendungen nach anderen Einschlußprinzipien suchen. Zwei Verfahren, der Trägheitseinschluß und der magnetische Einschluß, sind dafür im Stadium wissenschaftlicher Grundlagenforschung. Der technische Aufwand dafür ist enorm und kostenmäßig vergleichbar mit den größten Beschleunigeranlagen der Elementarteilchenphysik.

Seit 30 Jahren wird mit Experimenten immer größeren Umfangs der magnetische Einschluß studiert. Dabei wird ein Plasma aus Wasserstoffatomen durch starke, gepulste Magnetfelder auf sehr hohe Temperaturen geheizt und für einige Sekunden in diesem Zustand gehalten. Man ist der gewünschten Temperatur, Einschlußdichte und -zeit schon sehr nahegekommen. Solche Anlagen mit ihren riesigen und komplexen Magnetspulen lassen jedoch wenig Spielraum für die großtechnische Auskopplung der Fusionsenergie aus den Wandzonen des Einschlußgefäßes.

Seit etwa zehn Jahren untersucht man die Kompression durch den sogenannten Trägheitseinschluß. Ein dünnwandiges Metallkügelchen von einigen Millimetern Durchmesser enthält im Inneren ein Gemisch von Deuterium und Tritium und wird von außen mit äußerst intensiver und scharf fokussierter Strahlung beschossen. Dabei erzeugt nicht die Strahlung die Kompression, sondern die Rückstoßkraft der durch Abdampfung davonfliegenden (ablatierten) Atome der äußeren Kugelschale (des Ablators). Dieses Einschlußprinzip bietet zunächst den technischen Vorzug, daß diese Mikroexplosion in einem frei gestaltbaren Reaktorgefäß stattfindet mit leichter Wärmeauskopplung aus der Wand oder aus einem ihr vorgelagerten Flüssigmetallvorhang. Weitere Details werden wir im übernächsten Abschnitt diskutieren.

Nukleare Fusionsreaktionen in einem Plasma, speziell die Reaktion zwischen Deuterium und Tritium, werden dann thermisch selbstunterhaltend, wenn die sogenannten „Lawson-Kriterien" erfüllt sind.

1. Die Temperatur muß größer sein als 116 Millionen Grad.
2. Das Produkt aus Plasmadichte und linearer Ausdehnung des Plasmas bei obiger Temperatur muß größer sein als 10^{14} Gramm pro Quadratzentimeter.

Diese Zündbedingungen sind technisch außerordentlich schwierig herzustellen. Neben der möglichen hohen thermischen Leistungsabstrahlung und der Neigung sehr dichter Plasmen zu instabilem Verhalten beim Einschluß in ihren Führungsfeldern besteht die Schwierigkeit, weitere Energie in das Plasma einzubringen, wenn die Temperatur erst einmal sehr hoch ist. Dies hat vor allem zwei Gründe: Die Ohmsche Heizung durch einen im Plasma z. B. induktiv (Tokamak) aufrechterhaltenen Strom wird gering, weil die Leitfähigkeit sehr hoch wird, und mit Ausnahme einiger weniger Frequenzen werden elektromagnetische Wellen niedriger Frequenz nicht mehr absorbiert.

Immerhin werden diese Frequenzen bei magnetischen Einschlußmaschinen zur Leistungseinkopplung genutzt, reichen aber aus technischen Gründen allein nicht aus.

Man benötigt also andere Überträger von Energie. Es hat sich gezeigt, daß Ionenstrahlen hierfür geeignet sind, denn wegen der relativ großen Masse der Ionen werden sie an der Plasmaoberfläche nicht abgewiesen, sondern dringen mehr oder weniger tief ein. Bei magnetischem Plasmaeinschluß ist es allerdings notwendig, die Ionenladung völlig zu neutralisieren, solange das einschließende äußere Magnetfeld durchquert wird. Im Gegensatz zu schnellen Elektronen ist bei der Verwendung von Ionen im Plasma die Wechselwirkung so stark, daß Energie in genügend hoher Dichte abgegeben wird.

Hiermit sind die gemeinsamen Gründe umrissen, die für die Verwendung von Ionenstrahlen bei zwei ganz verschiedenen Plasmaheizmethoden maßgebend sind. An dieser Stelle muß die Beschreibung sich gabeln, denn die dazugehörigen Beschleuniger sind sehr verschieden. Im Falle des magnetischen Einschlusses verwendet man Beschleuniger kleiner Energie (20 bis 100 keV), die einen sehr großflächigen, Teilchenstrom-starken Strahl von schließlich neutralisierten (rekombinierten) Ionen abgeben, während beim Trägheitseinschluß Mittelenergie-Schwerionenbeschleuniger benötigt werden, die vom heutigen Stand der Technik bis an die theoretisch mögliche Stromstärkengrenze weiter zu entwickeln sind. Die erstere Klasse von Apparaturen existiert hingegen heute schon.

Neutralstrahlinjektion in Fusionsplasmen

Die Hauptlinie der Kernfusions-Technik verfolgt den magnetischen Einschuß in kreisförmigen Maschinen wie dem Tokamak oder dem Stellarator oder in Spiegelanordnungen. Aus den in der Einführung genannten Gründen wurde Ende der 60er Jahre in Princeton das Konzept der Plasmaheizung durch Neutralstrahlinjektion entwickelt und bis heute an jeder größeren Maschine eingeführt. Gleichzeitig mit der Heizung konnte damit teilweise das Problem der kontinuierlichen Brennstoffzufuhr gelöst werden. Um Verunreinigungen des Plasmas zu vermeiden, werden für die Injektion Deuterium-Neutralstrahlen verwendet. Für die Injektion von Neutralteilchen werden Ionenquellen genügend hoher Stromstärke benötigt. Diese waren bereits vorher als Raumfahrtantriebe entwickelt worden.

Vor dem Einschuß in das Fusionsplasma muß der Ionenstrahl neutralisiert werden. Dazu leitet man ihn durch ein geeignetes kaltes Gas. Da die Neutralisierungsrate bei niedriger Ionenenergie größer ist als bei hoher, verwendet man Ionen von maximal 40 bis 70 keV. Immerhin gelingt es, mit einem derartigen Ionenstrahl Leistungen von 6 MW und mehr aus einer einzelnen Ionenquelleneinheit zu injizieren.

Ideal wäre ein Verfahren, das aus einer Quelle negative Ionen extrahiert, die dann durch Entreißen von Elektronen, anstatt durch Anlagern, in neutrale Atome übergeführt werden. Dieses Verfahren könnte mit erheblich höheren Injektionsenergien arbeiten. Das zu heizende Plasma würde dies nicht nur zulassen, sondern bevorzugen im Sinne einer gleichmäßigeren Leistungsverteilung und eines Eindringens in tiefere Plasmazonen, wenn das Plasma sehr ausgedehnt ist. Diese Methode befindet sich noch im Entwicklungsstadium.

Trägheitseinschluß

In Sternen ist ein Fusionsplasma durch Gravitationsfelder eingeschlossen und damit am vorzeitigen Zerfall gehindert. Unter irdischen Bedingungen werden in Maschinen, in denen der Prozeß stationär ablaufen soll, Magnetfelder zum Einschluß verwendet, andere Methoden sind entweder zu schwach oder bieten nicht die notwendige Isolation gegen Wärmeleitung.

Wenn man hinnimmt oder gar will, daß der Prozeß explosiv abläuft, ist der Einschluß auch möglich zwischen trägen Massen (sogenannten Pushern), welche anfangs konzentrisch auf einen Punkt zulaufen und unter der Wirkung des Innendrucks allmählich ihre Bewegungsrichtung umkehren. Man nennt dies Trägheits- oder Inertialeinschluß. Benötigt werden dazu keineswegs große Massen; insgesamt genügt ein halbes Gramm Pusher-Masse, um ein Fusionsplasma von 10 Milligramm Deuterium-Tritium-Brennstoff für einige Milliardstel Sekunden einzuschließen. Dieses wiederum ist eine brennfähige kritische Masse. Bei kleineren Massen entweichen die nachheizenden schnellen Helium-Kerne (die „Asche"

Bild 1: Schematischer Grundriß eines Schwerionen-Fusionskraftwerks (Quelle: HIBALL = Heavy Ion Beam and Lithium-Lead, eine Studie deutscher Institute mit der Universität von Wisconsin). Das Ion Bi^{2+} wurde in einer späteren Version durch Bi^+ ersetzt. Die Kosten für das komplette 3,8-GW(elektrisch)-Kraftwerk werden auf 17 Milliarden Mark geschätzt, davon 5 Milliarden Mark für Beschleuniger, Speicherringe und Strahlführungen

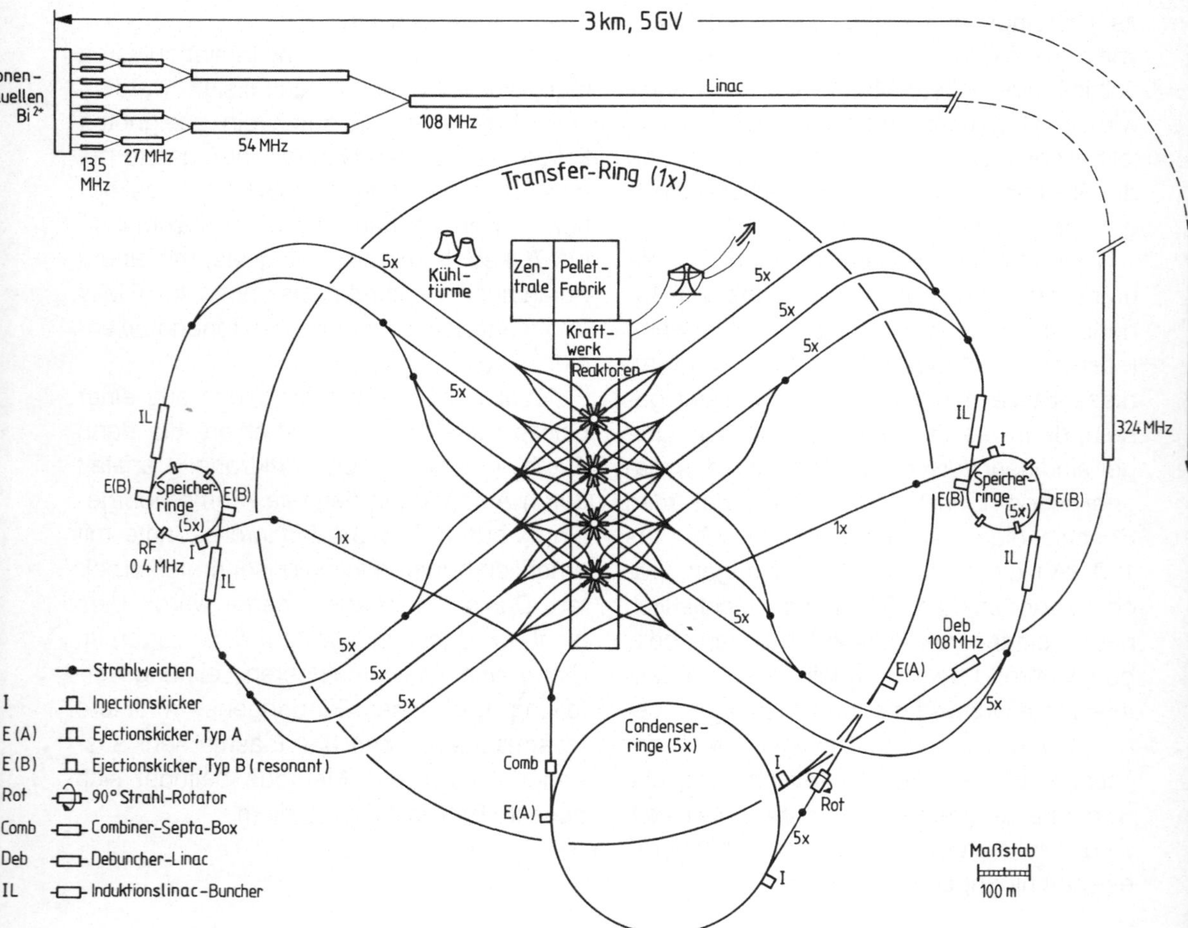

des Fusionsprozesses) ungenutzt. Diese kritische Masse gibt bei teilweiser Fusion (10 bis 30%) eine Energie ab, die einem Barrel Öl entspricht. Der Impuls bei der Explosion, der von einem halben Gramm Materie transportiert wird, ist so klein, daß ein Reaktorgefäß mit flüssiger „erster Wand" ihn ohne Schädigung aufnehmen kann.

Die anfängliche konzentrische Implosionsbewegung schafft im Plasma die notwendige Dichte, etwa 1000-fache Festkörperdichte, und Schockwellen die notwendige Temperatur zur Zündung.

Man muß jedoch dem Pusher eine Anfangsgeschwindigkeit von etwa 150 km/s geben, also ein halbes Promille der Lichtgeschwindigkeit. Es ist technisch unmöglich, feste Körper im Vakuum, etwa elektromagnetisch, auf diese Geschwindigkeit zu bringen. Chancen für eine nicht zerstörende Energiegewinnung hat nur ein Mikro-Raketenantrieb auf der Oberfläche des zu implodierenden Pellets, wie er im einleitenden Abschnitt kurz dargestellt wurde (Ablation). Die Energie wird von außen durch einen Treiber eingestrahlt.

Es stellt sich nun die Frage nach dem geeigneten Energieträger oder Treiber. Seit den 60er Jahren versucht man, Laser zur Energieversorgung des Mikro-Raketenantriebes einzusetzen. Es gelang, Plasmadichten von hundertfacher Festkörperdichte bei Temperaturen um 1 keV im Zentrum zu erzeugen; dann jedoch zeigten sich Schwierigkeiten bei der Energieeinkopplung in den Ablator, der Energie reflektierte und Instabilitäten zeigte. Man hofft, mit kürzerwelligem Licht aus den Lasern Novette (1985) und Nova (1988) bis an die Zündschwelle zu gelangen.

Sollte dies gelingen, wäre ein wichtiger Durchbruch erzielt. Die anfangs gehegte

Hoffnung, auf der Basis des Lasers ein Kraftwerk betreiben zu können, ist heute nur noch schwach, weil der technische Wirkungsgrad der Laser zu gering ist.

Grundsätzlich gibt es die Schwierigkeiten bei der Energieeinkopplung in den Ablator nicht, wenn man Ionen als Energieträger verwendet. Hier hat man die Wahl zwischen leichten und schweren Ionen.

Charakteristisch bei der Anwendung von Leichtionen ist die Notwendigkeit, sowohl Raumladungen als auch elektrische Strahlströme durch mitfliegende Elektronen zu kompensieren, sobald sie die Ionenquelle und den Beschleunigungsspalt verlassen haben. Anders könnte sich ein so großer Teilchen-Strahlstrom nicht aufbauen. Die Kompensation findet ganz von selbst statt, wenn der Ionenstrahl in ein verdünntes Gas eintritt.

Schwerionen werden als das Treibermedium angesehen, das nach dem heutigen Stand der Kenntnisse für ein Kraftwerk in Frage kommt. Auch ohne neutralisierendes Gas während der Beschleunigung und Führung zum Target sind die Probleme der Raumladungskräfte beherrschbar, wenn ein möglichst niedrig geladenes Schwerion wie ^{209}Wismut$^+$ (^{209}Bi$^+$) verwendet wird.

Ausblick

Die Energiegewinnung aus Trägheits-eingeschlossenen Fusionsplasmen ist, wie die Fusionstechnik allgemein, eine Forschungs- und Entwicklungsaufgabe für mehrere Generationen. Der magnetische Plasma-Einschluß ist ohne Zweifel dem Ziel des brennenden Plasmas am nächsten und verdient deswegen die stärkste direkte Förderung. Die Ionenstrahltechnik hat hieran einen, wenn auch bescheidenen, Anteil.

Als langfristiges Potential des Trägheitseinschusses wird vielfach die gänzliche Vermeidung des Tritium-Zyklus angesehen.

Dieser Aspekt soll hier nicht weiter bewertet, sondern nur erwähnt werden.

Die Inertialfusion hat für die Entwicklung der Beschleunigertechnik neue Zielmaßstäbe gesetzt. Auf dem Weg zu diesem Ziel gibt es so viele interessante Anwendungen für den hochdichten, nicht abweisbaren Energieträger Ionenstrahl, daß es in Zukunft nicht der ständigen Erwähnung des Ziels Fusion bedarf, um die nächstliegenden Entwicklungsschritte zu formulieren. So heißt für das deutsche Programm das Nahziel: Erzeugung hochdichter, heißer Plasmen und Studium ihrer Dynamik (Schockwellen, Zustandsgleichung). Wenn die hierfür benötigten Techniken Alltag geworden sind, wird man den Standort jeweils neu bestimmen müssen.

Beschleuniger in der Kernphysik

GERHARD SCHATZ

Die Kernphysik befaßt sich mit der inneren Struktur von Atomkernen und mit den Kräften, die zwischen den Bestandteilen der Kerne, den Nukleonen (also Protonen und Neutronen), und zwischen verschiedenen Atomkernen wirken. Diese Kräfte sind von zweierlei Art: Die eine ist die elektrische Kraft, die nach dem Französischen Physiker Charles Augustin de Coulomb (1736–1806), dem Entdecker des elektrostatischen Grundgesetzes, auch Coulomb-Kraft genannt wird.

Da alle Protonen die gleiche positive elektrische Ladung tragen, stoßen sie sich gegenseitig ab. Die Neutronen sind dagegen elektrisch neutral, unterliegen also keinen elektrischen Kräften. Daß Atomkerne trotz dieser gegenseitigen Abstoßung viele Protonen enthalten können, liegt an den sogenannten Kernkräften, durch die sich die Nukleonen stark anziehen. Anders als die elektrostatische oder Coulomb-Abstoßung werden diese Kräfte aber nur wirksam, wenn sich zwei Nukleonen auf sehr kurze Entfernung nähern.

Die Coulomb-Abstoßung zwischen zwei Protonen oder die Coulomb-Anziehung zwischen einem Proton und einem Elektron sinkt mit dem Quadrat der Entfernung und folgt damit demselben Abstandsgesetz wie die Massen-Anziehung zwischen der Sonne und den Planeten. Die starke Anziehung zwischen den Nukleonen vermag die Coulomb-Abstoßung erst zu kompensieren, wenn ihr Abstand ein zehntausendstel eines Atomdurchmessers beträgt.

Wenn man etwas über die Kernkräfte erfahren will, muß man daher Atomkerne auf Abstände annähern, die vergleichbar sind mit dem Durchmesser der Atomkerne selbst. Dabei muß man aber die elektrostatische Abstoßung überwinden. Der Kernphysiker spricht bildlich von einem „Coulomb-Wall", der überwunden werden muß, bevor Kerne miteinander reagieren. Um eine Kernreaktion zustande zu bringen, schießt man die Kerne deshalb mit hoher Geschwindigkeit aufeinander. Teilchenbeschleuniger sind daher die wichtigsten Hilfsmittel der Kernphysik geworden, und die Entwicklung der Kernphysik geht mit der Entwicklung ihrer Beschleuniger parallel.

Die Coulomb-Abstoßung wächst proportional der Ladungszahl der beiden beteiligten Kerne. Sie ist beim Stoß zweier Uran-Kerne, mit jeweils 92 Protonen, fast 10 000mal so groß wie beim Stoß zweier Wasserstoffkerne mit jeweils einem Proton. Die Energie, auf die ein Atomkern beschleunigt werden muß, steigt daher mit wachsender Protonenanzahl der beiden beteiligten Kerne von weniger als 10^6 eV bis über 10^9 eV. Projektile höherer Energie können ein oder mehrere Nukleonen aus einem Kern herausschlagen. Dadurch entstehen neue Kerne, die meist radioaktiv sind und wegen ihrer kurzen Lebensdauer in der Natur nicht gefunden werden. Bei den meisten

Kernen muß man eine Energie von 6 bis $9 \cdot 10^6$ eV aufwenden, um ein Proton oder Neutron abzulösen. Bei der Verwendung von Wasserstoff oder Heliumkernen als Projektile werden daher meist Energien von einigen 10^7 eV für kernphysikalische Experimente verwendet. Bei Stößen zwischen schweren Ionen sind aus den oben erläuterten Gründen wesentlich höhere Energien erforderlich.

Für kernphysikalische Untersuchungen werden heute überwiegend elektrostatische van de Graaff-Beschleuniger und Zyklotrone eingesetzt. Vor allem bei der Beschleunigung sehr schwerer Atome bis hin zum Uran spielen auch Linearbeschleuniger eine Rolle. Diese Beschleunigertypen ergänzen sich in ihren Eigenschaften gut. Mit Van-de-Graaff-Beschleunigern erreicht man leicht eine sehr gute Energieschärfe des Strahls. Dies ist wichtig zur Bestimmung angeregter Kernzustände, aus deren Lage und Eigenschaften man Rückschlüsse auf die Bewegung der Nukleonen im Kern ziehen kann. Mit Zyklotronen erreicht man leichter höhere Energien, vor allem für Wasserstoff- und Heliumkerne, und höhere Stromstärken. Das letztere ist wichtig für die Erzeugung von Sekundärteilchen wie schnellen Neutronen (s. unten) und für die Erzeugung radioaktiver Kerne, die nicht nur in der Grundlagenforschung von Interesse sind, sondern auch eine wichtige Rolle in der Nuklearmedizin und Isotopentechnik spielen. Linearbeschleuniger schließlich besitzen Vorteile bei der Beschleunigung vor allem sehr schwerer Atomkerne.

Die Zentren der Arbeitsgemeinschaft der Großforschungseinrichtungen (AGF) verfügen mit den Zyklotronen des Hahn-Meitner-Instituts für Kernforschung Berlin, der Kernforschungsanlage Jülich und des Kernforschungszentrums Karlsruhe über Beschleuniger, die zu den leistungsfähigsten ihrer Art auf der Welt gehören. Der Linearbeschleuniger UNILAC (Universal-Linear-Accelerator) der Gesellschaft für Schwerionenforschung war lange der einzige auf der Welt, der die schwersten Atomkerne bis hin zum Uran auf Energien beschleunigen konnte, die zur Einleitung von Kernreaktionen erforderlich sind. Diese vier Beschleuniger stehen nicht nur den Wissenschaftlern des jeweiligen Zentrums, sondern auch der Forschung an deutschen Hochschulen und Max Planck-Instituten zur Verfügung.

In den folgenden Abschnitten soll an einigen Beispielen aus der Arbeit an diesen Beschleunigern ein Eindruck von den verfolgten Fragestellungen und von der Bedeutung vermittelt werden, die Beschleuniger für die Kernphysik heute besitzen. Natürlich ist es nicht möglich, die ganze Breite der kernphysikalischen Forschung auch nur annähernd abzudecken.

Die elementare Wechselwirkung zwischen Proton und Neutron

Die Eigenschaften der Kräfte zwischen zwei Nukleonen, etwa ihre Abhängigkeit vom Abstand, sind die wichtigsten Größen für das Verständnis der Atomkerne. Sie lassen sich am unmittelbarsten beim Stoß zweier Nukleonen studieren. Mißt man etwa die Richtung, in die die Teilchen bei einem solchen Stoß gestreut werden, bei verschiedenen Energien, so läßt sich daraus bestimmen, wie die Kraft zwischen Nukleonen vom Abstand abhängt. Es tritt dabei aber eine zusätzliche Komplikation auf. Die Nukleonen besitzen ebenso wie viele andere Elementarteilchen, wie etwa das Elektron, einen Eigendrehimpuls, genannt „Spin", d.h. sie rotieren stets um eine feste innere Achse. Die Kräfte zwischen zwei Nukleonen hängen nun davon ab, ob die beiden Teilchen beim Stoß gleich- oder gegenseitig rotieren. Man muß also die Winkelverteilungen für verschiedene Orientierungen der Rotationsachsen messen.

Obwohl die Nukleon-Nukleon-Wechselwirkung wegen ihrer fundamentalen Bedeutung seit Jahrzehnten untersucht wurde, ist ihre Kenntnis insbesondere für die Fälle, an denen Neutronen beteiligt sind, immer noch unbefriedigend. Wegen des Fehlens einer elektrischen Ladung lassen sich Neutronen nicht durch äußere Felder beschleunigen, auch ihr Nachweis ist komplizierter als der von geladenen Teilchen. Für sehr niedrige Energien sind Kernreaktoren eine intensive Neutronenquelle. Bei höheren Energien, etwa im Bereich 10^6 eV, muß man die Neutronen mit der Energie erzeugen, bei der man die Streumessung durchführen möchte.

Wegen der Spin-Abhängigkeit der Kernkräfte muß man den Erzeugungsprozeß so führen, daß polarisierte Strahlen entstehen, bei denen also alle oder doch die meisten Neutronen im gleichen Sinn rotieren. Ein derartiger Neutronenstrahl wurde in den letzten Jahren am Karlsruher Isochron-Zyklotron aufgebaut (Bild 1).

Das Zyklotron beschleunigt Deuteronen, das sind schwere Wasserstoffkerne, die aus einem Proton und einem Neutron bestehen. Eine kompliziert gebaute Ionenquelle sorgt dafür, daß diese Deuteronen polarisiert sind. Nach der Extraktion aus dem Beschleuniger wird der Deuteronenstrahl auf ein Gefäß mit flüssigem Deuterium, genannt Target, geschossen. Beim Stoß der beschleunigten Deuteronen mit den Kernen der Targetschicht zerbrechen sie. Während die entstehenden Protonen wegen ihrer Ladung schnell in der Targetschicht abgebremst oder in einem Magneten hinter dem Target abgelenkt werden, fliegen die Neutronen fast unbeeinflußt weiter. Sie rotieren dabei etwa in demselben Sinn weiter wie vorher die Deuteriumkerne, d.h. der entstehende Neutronenstrahl ist ebenfalls polarisiert. Das Schema der Neutronenerzeugung wird in Bild 2 gezeigt.

Der Strahl enthält Neutronen in einem breiten Energiebereich von 10 bis $50 \cdot 10^6$ eV. Man mißt deshalb für jedes Neutron die Flugzeit vom Deuterium-Target, in dem es entsteht, bis zum Detektor, in dem es nachgewiesen wird. Dies ist möglich, weil der Deuteronenstrahl im Zyklotron durch die beschleunigende Hochfrequenz zeitlich sehr eng gebündelt wird. Aus der Flugzeit und

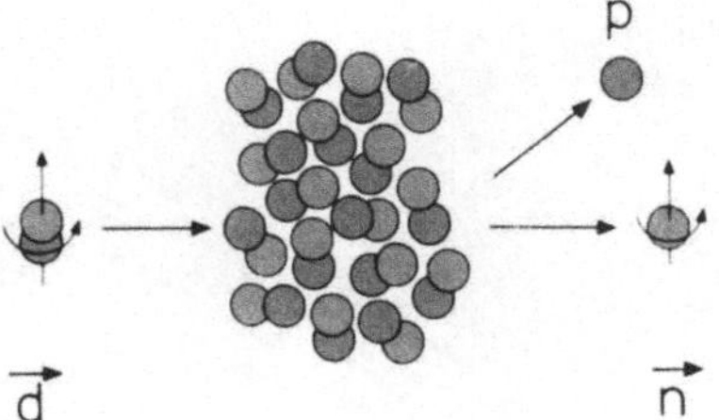

Bild 2: Schema der Erzeugung eines Strahls polarisierter Neutronen am Karlsruher Isochron-Zyklotron. Die im Zyklotron beschleunigten polarisierten Deuteriumkerne treffen auf eine Schicht flüssigen Deuteriums, in der die Deuteriumkerne ungeordnet sind. Beim Stoß brechen die beschleunigten Deuteriumkerne in Proton und Neutron auseinander, und die nach vorn weiterfliegenden Neutronen behalten einen beträchtlichen Teil der Polarisation des ursprünglichen Deuterons.

der bekannten Flugstrecke kann man die Geschwindigkeit und damit die Energie des Neutrons errechnen.

Die so erzeugten Neutronen werden an Protonen, das heißt Kernen des normalen Wasserstoffs, gestreut. Um die Spin-Abhängigkeit der Kernkräfte bestimmen zu können, müssen auch die Protonen polarisiert werden. Mit der Rotationsbewegung ist ein kleines magnetisches Moment verbunden, d.h. jeder Wasserstoff-Atomkern verhält sich in einem Magnetfeld wie ein sehr schwacher Stabmagnet. In einem starken Magnetfeld richten alle Protonen ihre Drehachsen parallel aus. Weil dieses magnetische Moment so klein ist, erhält man allerdings nur bei sehr großen äußeren Magnetfeldstärken und sehr niedrigen Temperaturen einen merklichen Polarisationsgrad. Die dafür aufgebaute Anordnung ist in Bild 3 zu sehen. Eine große supraleitende Spule erzeugt ein Magnetfeld von etwa 90 kG. Der Wasserstoff selbst wird auf eine Temperatur abgekühlt, die nur ein hundertstel Grad über dem absoluten Nullpunkt liegt. Die Messungen mit dieser Anordnung versprechen eine wesentliche Verbesserung unserer Kenntnis der Kräfte zwischen Neutronen und Protonen.

Die innere Anregung von Atomkernen

Die Neutronen und Protonen im Innern eines Atomkernes sind in ständiger Bewegung, ähnlich wie die Elektronen in einem Atom. Diese Bewegung ändert sich, wenn man dem Atomkern Energie zuführt. Dabei kann der Kern nicht beliebige Energiebeträge aufnehmen, sondern nur bestimmte diskrete Beträge, die für jeden Kern charakteristisch sind. Jeder Kern besitzt also diskrete Zustände höherer Energie, sogenannte angeregte Zustände, und die Energie dieser

Bild 3: Anordnung zur Messung der Neutron-Proton-Streuung. Die Neutronen werden hinter der Abschirmwand rechts oben erzeugt und fliegen durch ein kleines Loch in dieser Wand auf das Protonentarget, das sich in dem vertikalen, schwarzen Zylinder innerhalb des Aluminiumgestells befindet. Die kleinen schwarz-roten Zylinder auf dem Brett in der unteren Bildmitte sind Detektoren zum Nachweis der gestreuten Neutronen. Die großen Kästen in der oberen Bildmitte enthalten die Apparatur, mit der das Protonentarget auf $\frac{1}{100}$° K über dem absoluten Nullpunkt abgekühlt wird.

Zustände kennzeichnet die Bewegungsform der Nukleonen. Zum Verständnis der inneren Struktur der Atomkerne muß man daher die Energien der angeregten Zustände bestimmen.

Die Anregungsenergien von Atomkernen können auf sehr verschiedene Weise gemessen werden. Eine der einfachsten und direktesten ist die sogenannte inelastische Streuung. Dabei wird der Atomkern mit Teilchen bombardiert, die ihre innere Struktur bei dem Stoß nicht ändern. Diese Teilchen können Protonen, Neutronen oder zusammengesetzte Kerne sein. Im Stoß geben diese Projektile einen Teil ihrer Bewegungsenergie an den Kern ab. Der Energieverlust des Projektils wird in Anregungsenergie des getroffenen Kerns verwandelt. Das Teilchen kann daher nur diskrete Energiebeträge verlieren, die den angeregten Zuständen des

Bild 4: Das aus mehreren Photos zusammengesetzte Bild zeigt einen Blick von oben auf den Magnetspektrographen „Big Karl" am Isochron-Zyklotron der Kernforschungsanlage Jülich. Der graue Ring rechts ist die Abschirmung um das Target, an dem die von rechts einfallenden Projektile gestreut werden. Drei der fünf gelben Magnete zur Ablenkung der gestreuten Teilchen sind im linken Teil der Abbildung zu sehen. Zwei weitere, kleinere stehen in der Abschirmwand. Der Durchmesser der zylindrischen Abschirmung beträgt etwa 5 m.

Kerns entsprechen. Die Energieverteilung der Projektil-Teilchen nach dem Stoß (genauer: die Verteilung der Energieverluste) gibt die gewünschte Information über die innere Struktur des Kerns.

Eine Anordnung, die mit Protonen oder leichten Atomkernen arbeitet und mit der dieser Energieverlust sehr genau gemessen werden kann, ist seit mehr als fünf Jahren am Isochron-Zyklotron der Kernforschungsanlage Jülich in Betrieb. Dieses Zyklotron ist der „große Bruder" des Karlsruher Isochron-Zyklotrons (Bild 1). Es ist in seinem Aufbau der Karlsruher Maschine sehr ähnlich, erreicht aber fast die doppelte Energie. Der Energieverlust wird in einem System großer Magnete gemessen, in denen die Projektile je nach Energieverlust verschieden stark abgelenkt werden, ähnlich wie Licht verschiedener Wellenlänge in einem Prisma. Man nennt eine derartige Magnetanordnung deswegen Magnetspektrograph.

Die Jülicher Anlage, die den Namen „Big Karl" erhalten hat, besteht aus fünf Magneten (Bild 4). Die Atomkerne, deren Anregung studiert werden soll, befinden sich – meist in Form einer dünnen Folie – im Zentrum des großen Ringes aus Abschirmmaterial im rechten Teil der Abbildung. Von den fünf Magneten sind nur die drei gelben deutlich zu erkennen. Da auch die Winkelverteilung der inelastisch gestreuten Projektile wichtige Informationen über die Wechselwirkung zwischen Projektil und Atomkern enthält, kann die ganze Magnetanordnung um das Zentrum des Abschirmringes gedreht werden.

Dieser Magnetspektrograph „Big Karl" ist der leistungsfähigste seiner Art auf der Welt. Ein damit gewonnenes Meßergebnis ist in Bild 5 zu sehen. Es zeigt die Verteilung der Energieverluste von Protonen nach der Streuung an Blei. Jeder der Linien in diesem Spektrum entspricht ein angeregter Zustand. Wie man sieht, sind keineswegs alle möglichen diskreten Energieverluste gleich häufig. Die Intensität der Linien und ihre Abhängigkeit vom Streuwinkel enthält wichtige Informationen sowohl über die innere Struktur des Atomkerns als auch über die Art seiner Wechselwirkung mit dem Projektil.

Atomkerne als kleine Magnete

Im vorletzten Abschnitt wurde schon darauf hingewiesen, daß die einzelnen Nukleonen rotieren und damit einen Eigendrehimpuls, genannt Spin, tragen und daß damit magnetische Eigenschaften verbunden sind: Die Nukleonen verhalten sich im Magnetfeld wie kleine Stabmagnete. Dasselbe gilt auch für die Atomkerne in den meisten ihrer Zustände, allerdings kann die Stärke dieser kleinen Magnete ganz unterschiedliche Werte annehmen. Damit ändert sich auch die Stärke der Kraft, die ein äußeres Magnetfeld auf einen Atomkern ausübt. Man charakterisiert sie durch eine Größe, die man „magnetisches Moment" nennt. Dieses setzt sich aus den magnetischen Momenten der einzelnen

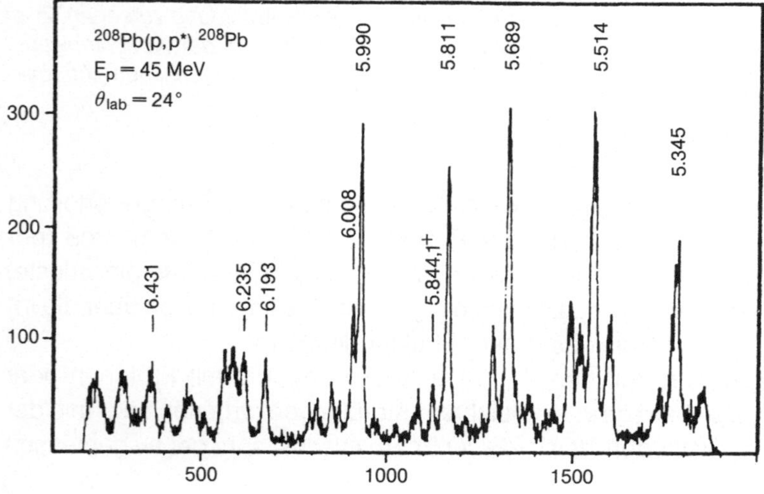

Bild 5: Energieverteilung von Protonen, die an Bleikernen der Masse 208 gestreut wurden. Das Bild zeigt nur einen Ausschnitt von etwa 2% der Einschußenergie. Jedes Maximum entspricht einem angeregten Zustand des Kernes ²⁰⁸Pb.

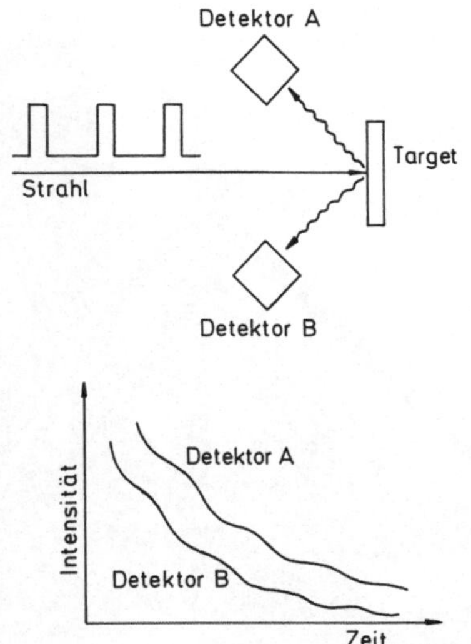

Bild 6: Schema eines Experimentes zur Messung magnetischer Momente von angeregten Kernzuständen. Im oberen Teil ist der experimentelle Aufbau skizziert. Der von links einfallende, gepulste Strahl erzeugt in der mit „Target" bezeichneten Schicht die angeregten Kerne. Die beiden Detektoren registrieren die beim Zerfall freiwerdende Gamma-Strahlung. Der untere Teil des Bildes zeigt, wie die Intensität in beiden Detektoren zwischen den Strahlpulsen mit der Zeit abnimmt. Aus der Schwankung der Intensität läßt sich die Stärke des magnetischen Kernmoments bestimmen.

Protonen und Neutronen im Kern zusammen; dazu kommt ein Beitrag, der von der Bewegung der Protonen im Kern herrührt, die ebenso wie die Bewegung von Elektronen in einem Kupferdraht ein magnetisches Feld hervorrufen. Dieses magnetische Feld hängt also von der inneren Struktur des Kerns ab und verrät ebenfalls Wichtiges über das „Innenleben" des Atomkerns.

Bei angeregten Kernzuständen, deren Lebensdauer länger als etwa eine milliardstel Sekunde ist, läßt sich das magnetische Moment mit einer Methode messen, die seit vielen Jahren von einer Gruppe am Hahn-Meitner-Institut mit großem Erfolg angewendet wird. (Ein Bild der dafür verwendeten van de Graaf-Isochron-Cyclotron-Kombination für Schwere Ionen (VICKSY) findet sich im Abschnitt über Anwendungen von Beschleunigern in der Festkörperphysik.) Das Prinzip der Methode ist in Bild 6 skizziert.

Die Kerne, die man untersuchen möchte, werden durch Beschuß mit schweren oder leichten Ionen angeregt, oder sie entstehen in einer Reaktion zwischen verschiedenen Kernen gleich im angeregten Zustand. Dazu benutzt man einen gepulsten Teilchenstrahl, d.h. der Strahl wird nur für eine kurze Zeit, viel kürzer als die Lebensdauer des Kernzustandes, eingeschaltet und dann für längere Zeit (mehrere Lebensdauern) ausgeschaltet. Dies hat zur Folge, daß alle Kerne im angeregten Zustand zur gleichen Zeit entstehen. Die Rotationsachsen dieser Kerne sind nicht regellos im Raum verteilt, sondern sie stehen senkrecht auf der Richtung des einfallenden Strahls. Daher wird die beim Zerfall der angeregten Zustände entstehende Gamma-Strahlung bevorzugt in eine Richtung emittiert.

Setzt man die ganze Anordnung in ein äußeres Magnetfeld, so beginnen alle Kerne mit ihren Rotationsachsen gleichmäßig um die Richtung dieses Feldes zu rotieren. Diese Rotation ist um so schneller, je größer das magnetische Moment ist. Die Rotationsgeschwindigkeit läßt sich messen, denn mit der Rotationsachse rotiert auch die bevorzugte Richtung der Gamma-Strahlung, die der Kern emittiert. Mit den beiden Detektoren in Bild 6 mißt man daher nicht nur eine Abnahme der Intensität mit der Zeit, wie sie sich aus dem radioaktiven Zerfallsgesetz ergibt, sondern auch eine überlagerte zeitliche Schwankung, die genau die Periode der Rotation hat. Aus dieser Periode und der Stärke des Magnetfeldes läßt sich das magnetische Moment errechnen.

Bild 7 zeigt die Apparatur im Hahn-Meitner-Institut an einem Strahlrohr des Zyklotrons VICKSI und gibt einen Eindruck davon, wie ein derartiges Experiment aussieht. Um ein möglichst hohes Magnetfeld zu er-

reichen, werden supraleitende Spulen verwendet, die bei der Temperatur des flüssigen Heliums betrieben werden müssen.

Welches sind die schwersten Elemente?

In der Einleitung war erläutert worden, wie die Kernkräfte die Atomkerne trotz der gegenseitigen Abstoßung der Protonen zusammenhalten. Dies wird nun um so schwieriger, je mehr Protonen ein Atomkern enthält, denn bei den schwersten Atomkernen ist der Durchmesser größer als die Reichweite der Kernkräfte. Das hat zur Folge, daß die anziehenden Kernkräfte nicht zwischen allen Nukleonen im Kern wirken, sondern nur zwischen räumlich eng benachbarten. Wegen der großen Reichweite der Coulomb-Kräfte wirkt die Abstoßung

Bild 7: Die Apparatur zur Messung von magnetischen Momenten angeregter Kernzustände. Die Teilchen aus dem Beschleuniger VICKSI kommen von rechts in dem evakuierten, grauen Strahlrohr. In der zylindrischen Kammer in der Mitte befinden sich das Target, in dem die angeregten Kerne hergestellt werden, und zwei supraleitende Spulen zur Erzeugung des Magnetfeldes

aber zwischen allen Protonen. Eine Konsequenz davon ist, daß die Kerne schwerer Elemente relativ mehr Neutronen enthalten als die leichten. Wächst die Zahl der Protonen aber weiter, so wird schließlich ein Punkt erreicht, an dem die Kernkräfte die Coulomb-Abstoßung nicht mehr kompensieren können, und die Kerne zerplatzen in zwei annähernd gleich große Bruchstücke, ein Vorgang, den die Kernphysiker „spontane Spaltung" nennen.

Aus diesem Grund gibt es keine Atomkerne beliebig hoher Ladung, also keine chemischen Elemente beliebig hoher Ordnungszahl. Das schwerste Element in der Natur, das Uran, hat 92 Protonen, aber auch schon die Kerne des Urans sind instabil und zerfallen radioaktiv, wenn auch mit sehr langer Lebensdauer. Seit Anfang der 30er Jahre bemühen sich Kernphysiker und Radiochemiker um die Frage, ob es weitere chemische Elemente gibt, deren Kerne für einige Zeit zusammenhalten. Ein überraschendes Nebenergebnis dieser Forschungen war die Entdeckung der Kernspaltung durch Otto Hahn.

Die Suche nach weiteren schweren Elementen war in den letzten 40 Jahren die Domäne zweier Arbeitsgruppen, je einer in den USA und in der UdSSR, die in zum Teil erbitterter Konkurrenz Kerne mit bis zu 106 Protonen synthetisierten. Während man Kerne

Bild 8: Blick entlang dem Schwerionen-Linearbeschleuniger UNILAC. Zwei Ionenquellen, vondenen jeweils eine in Betrieb ist, befinden sich im Vordergrund rechts und links etwas außerhalb des Bildes. Die hellgelben Magnete in der Mitte des Vordergrundes lenken die Ionenstrahlen in die gelb und lila gestrichenen Beschleunigungstanks.

bis zur Ordnungszahl 98 in Kernreaktoren aufbauen kann, indem man die elektrisch neutralen Neutronen an Kerne anlagert, die sich dann zum Teil durch nachfolgende radioaktive Beta-Zerfälle in Protonen umwandeln, wurden alle noch schwereren Elemente mit Beschleunigern hergestellt. Man schießt dazu Ionen von Kohlenstoff bis Argon auf Kerne der Elemente Blei bis Plutonium oder Curium bei einer Energie, die ausreicht, die Kerne zur Verschmelzung zu bringen. Dabei ist die Schwierigkeit, daß man einerseits eine recht hohe Projektil-Energie braucht, um die Coulomb-Abstoßung zu überwinden, daß andererseits aber die Kerne, die man herstellen will, leicht gebunden, sozusagen sehr zerbrechlich sind, jeder Energie-Überschuß daher sofort zu einem Zerplatzen des gesamten Systems führt. Die Grundlage dieser Arbeiten waren die Schwerionen-Linearbeschleuniger Heavy Ion-Linear-Accelerator (HILAC) in Berkeley und verschiedene Zyklotrone in Dubna.

Seit etwa fünf Jahren hat auf diesem Gebiet eine Gruppe bei der Gesellschaft für Schwerionen-Forschung (GSI) unter Peter Armbruster die Führung übernommen. Sie benutzt den Schwerionen-Beschleuniger UNILAC, der dort seit etwa zehn Jahren in Betrieb ist, der erste und für viele Jahre einzige Beschleuniger auf der Welt, der selbst Uran-Ionen auf die für Kernreaktionen notwendigen Geschwindigkeiten beschleunigen konnte.

Bild 8 zeigt einen Blick auf den Beschleuniger. Damit wurden Kerne der Elemente Nickel und Eisen auf hinreichend hohe Geschwindigkeiten gebracht und auf Kerne der Elemente Blei und Wismut geschossen. So konnten erstmals Kerne der Elemente 107, 108 und 109 hergestellt und nachgewiesen werden. Bild 9 zeigt schematisch eine der nachgewiesenen Reaktionen. Ein Kern des neutronenreichsten Eisen-Isotops ^{58}Fe trifft auf einen Wismut-Kern mit der Masse 209,

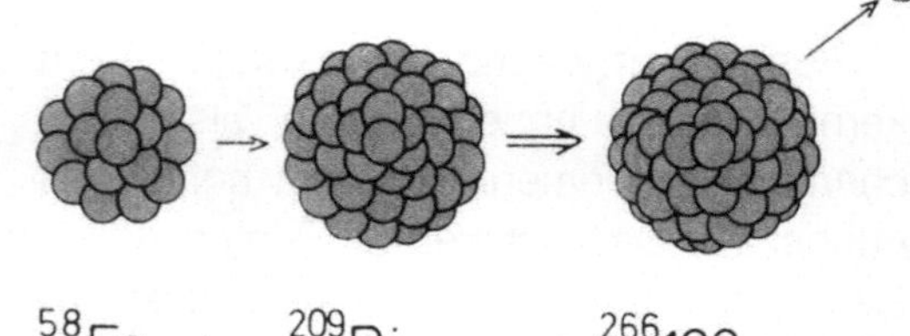

Bild 9: Schema der Erzeugung des Elementes mit der Ordnungszahl 109. Ein Kern ^{58}Fe aus dem UNILAC trifft auf einen Wismutkern der Masse 209. In seltenen Fällen verschmelzen die beiden Kerne, und nach Emission eines Neutrons bleibt ein Kern der Masse 266 und der Ordnungszahl 109 zurück.

verschmilzt mit ihm, und unter Abspaltung eines Neutrons bildet sich ein Kern mit 109 Protonen und 157 Neutronen.

Diese Reaktion ist äußerst selten. In den weitaus meisten Fällen zerbricht der durch Verschmelzung gebildete Kern in zwei oder noch mehr Bruchstücke. In wochenlangen Bestrahlungen konnte nur ein Atom dieses bisher schwersten bekannten Elementes hergestellt werden. Ein besonderes Problem dieser Experimente ist es deshalb, ein Atom aus den um viele Größenordnungen zahlreicheren Bruchstücken herauszufiltern. Es entspricht dem Problem, aus einem Güterwagen voller Sand ein bestimmtes Sandkorn herauszufinden. Dazu macht man sich zunutze, daß im Falle einer echten Verschmelzung (Bild 9) der produzierte Atomkern praktisch den gesamten Impuls des einfallenden Ions übernehmen muß. Dies unterscheidet den echten Verschmelzungsprozeß von der Spaltung des Zwischenkerns. Mit Hilfe elektrischer und magnetischer Felder lassen sich daher die wenigen Atome der allerschwersten Elemente abtrennen. Die Anordnung, mit der diese Abtrennung und der Nachweis der Atome vorgenommen wird, zeigen die Bilder 10 und 11. Man sieht daran, daß auch die Nachweis-Apparaturen an einem großen Beschleuniger einen beträchtlichen Aufwand erfordern.

Bild 10: Blick auf den 12 m langen Massenseperator für Rückstoßkerne SHIP am UNILAC. Der Teilchenstrahl kommt von links oben und trifft kurz vor der Betonabschirmung auf das im Bild nicht sichtbare Target. In den gelben Vakuumkammern befinden sich Ablenkkondensatoren mit hoher Spannung. Dazwischen stehen vier blaue Ablenkmagnete. Mit Hilfe dieser Felder werden die wenigen schweren Atomkerne, die sich bilden, von den zahlreichen Primärteilchen und Spaltbruchstücken abgetrennt.

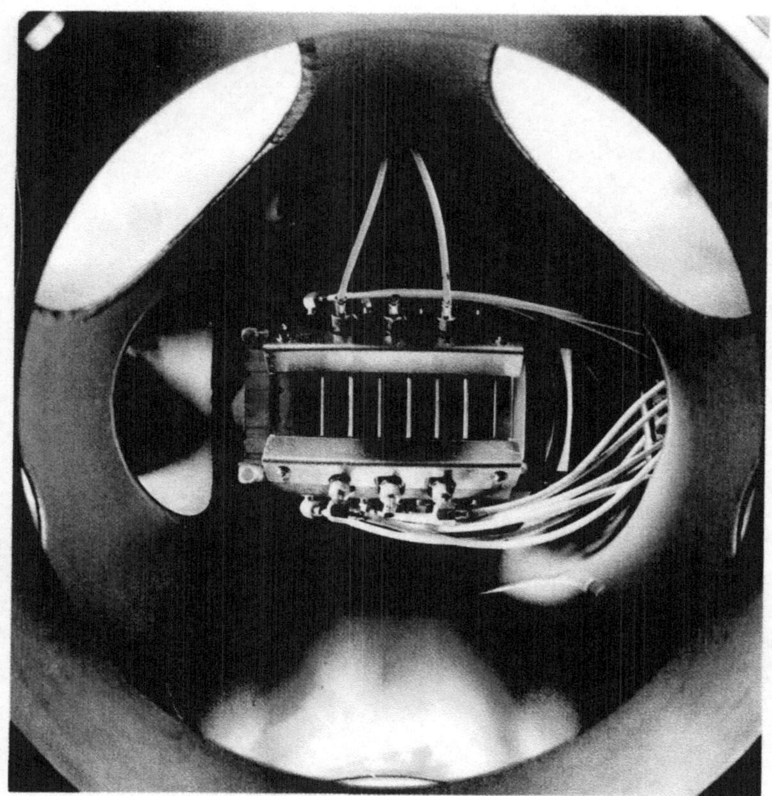

Bild 11: Auf sieben Silicium-Detektoren (Gesamtlänge etwa 10 cm) lenkt das Geschwindigkeitsfilter die zu untersuchenden Kerne. Sie werden aufgrund der von ihnen beim Zerfall ausgesandten α-Strahlung identifiziert. Auf diese Weise wurden die Elemente 107, 108 und 109 bei der GSI entdeckt. Darüber hinaus registrierte dieser Detektor eine neue Art der radioaktiven Umwandlung: Bei der Protonenradioaktivität wird ein Proton vom Kern ausgeschleudert. Dieser Vorgang, der vor über 60 Jahren zum ersten Mal vermutet wurde, läuft analog dem α-Zerfall ab (Photo: Achim Zschau).

Hochenergie- und Elementarteilchenphysik

KLAUS WILLE

Einführung

Schon seit dem Altertum beschäftigen sich die Menschen mit der Frage, ob die Vielgestalt der Materie letztlich auf nur einige wenige elementare Grundbausteine zurückgeführt werden kann. Eine zweite Frage beschäftigt sich mit den Kräften, die zwischen diesen Grundbausteinen wirken und die somit dafür sorgen, daß diese Bausteine die Vielfalt der in der Natur beobachtbaren Strukturen stabil erhalten. Diese beiden Fragen sind bis heute in der Physik die wichtigsten geblieben, denn kennt man die elementaren Bausteine der Materie und die zwischen ihnen wirkenden Kräfte, so hat man im Prinzip ein umfassendes Verständnis der Natur gewonnen.

Um diesem Verständnis näherzukommen, hat man im Laufe der Zeit die Materie in immer kleinere Bestandteile zerlegt: Es begann mit den Molekülen und den Atomen, und über Protonen und Neutronen kam man schließlich zu immer kleineren Einheiten (Bild 1). Nach dem derzeitigen Stand der Forschung sieht man heute die „Leptonen" und die „Quarks" als die elementarsten Bausteine an.

Man kennt heute vier verschiedene Kräfte, die zwischen den Elementarteilchen oder auch teilweise zwischen makroskopischen Strukturen in der Natur wirken (Bild 2). Da ist einmal die Gravitation, die auf der Erde für das Gewicht eines Körpers verantwortlich ist, aber auch die Bewegung der Planeten bestimmt. Die elektromagnetische Kraft

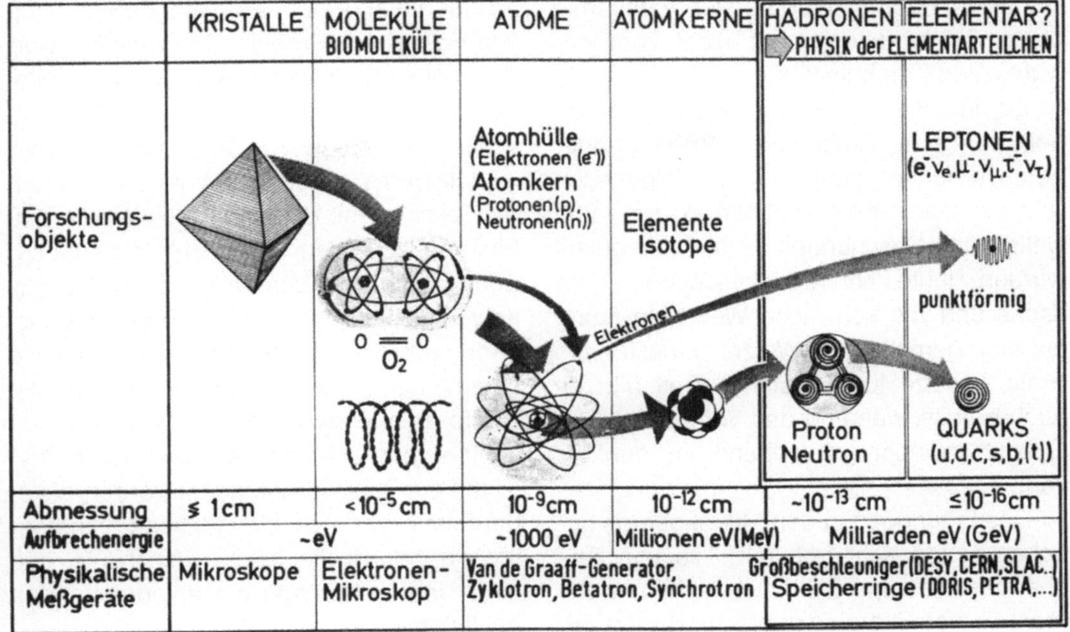

	KRISTALLE	MOLEKÜLE BIOMOLEKÜLE	ATOME	ATOMKERNE	HADRONEN	ELEMENTAR?
Abmessung	$\lesssim 1\,cm$	$<10^{-5}\,cm$	$10^{-9}\,cm$	$10^{-12}\,cm$	$\sim 10^{-13}\,cm$	$\leq 10^{-16}\,cm$
Aufbrechenergie		$\sim eV$		$\sim 1000\,eV$	Millionen eV(MeV)	Milliarden eV (GeV)
Physikalische Meßgeräte	Mikroskope	Elektronen-Mikroskop	Van de Graaff-Generator, Zyklotron, Betatron, Synchrotron		Großbeschleuniger (DESY, CERN, SLAC..) Speicherringe (DORIS, PETRA,...)	

Bild 1: Schrittweises Vordringen in die Struktur der Materie bis zu den elementarsten Teilchen, den Leptonen und den Quarks

wirkt bei der chemischen Bindung der Atome, außerdem wird sie in der Elektrotechnik vielfältig angewendet. Diese Kraft würde den positiv geladenen Atomkern, der aus Protonen und Neutronen aufgebaut ist, schnell zerfallen lassen, wenn es nicht die nur im Kern wirkende starke Kraft gäbe, die die abstoßende Wirkung der elektromagnetischen Kraft kompensiert. Beim radioaktiven Zerfall der Kerne, dem sogenannten „Beta-Zerfall", wirkt noch eine weitere Kraft, die sehr viel schwächer als die starke und die elektromagnetische Kraft ist und die deshalb „schwache Kraft" genannt wird.

Es ist schwer verständlich, daß diese vier Kräfte völlig isoliert nebeneinanderstehen und nichts miteinander zu tun haben sollten. Deshalb ist es ein wesentliches Ziel der Physik herauszufinden, welche Beziehungen zwischen den Kräften bestehen und ob sie eventuell auf einen gemeinsamen Ursprung zurückzuführen sind. In den fünfziger Jahren unternahm Werner Heisenberg mit

Art der Kraft	Kernkraft (starke)	elektromagnetische Kraft	schwache Kraft	Gravitation
rel. Stärke	1	1/137	$\approx 10^{-5}$	$\approx 10^{-38}$
tritt auf	im Atomkern, zwischen Quarks	in Atomhülle, bei chemischen Reaktionen, Elektrotechnik	beim radioaktiven β-Zerfall von Elementarteilchen, zwischen Leptonen	Himmelskörper, freier Fall
Bindeteilchen (Feldquanten)	8 Gluonen	Photon	3 intermediäre Bosonen W^+, W^-, Z^0	?
Ladungsart	„Farbe"	elektrische Ladung	Leptonenladung	Masse

Bild 2: Die vier in der Natur wirkenden Kräfte

seiner „Weltformel" einen ersten Versuch in diese Richtung, der aber nicht zum gewünschten Ergebnis führte.

Ein im Prinzip erster Schritt zur Vereinheitlichung der Kräfte wurde im vergangenen Jahrhundert getan, als die elektrischen und die magnetischen Kräfte in den maxwellschen Gleichungen zusammengefaßt wurden. Heute kann man die elektromagnetische und die schwache Wechselwirkung auf eine gemeinsame Wurzel zurückführen. Erste Ansätze für die starke Kraft gibt es auch bereits, während das Verständnis der Gravitation noch weitgehend im dunkeln liegt.

Das Eindringen in den Mikrokosmos geschah schon sehr früh mit Hilfe von Teilchenbeschleunigern, die inzwischen zu immer höheren Energien gebracht wurden. Für hohe Teilchenenergien gibt es im wesentlichen zwei Gründe: Erstens werden mit fortschreitender Erkenntnis die zu untersuchenden Dimensionen im Mikrokosmos immer kleiner, was entsprechend kurze Teilchenwellenlängen erfordert. Diese Teilchenwellen werden mit steigender Energie kürzer. Zweitens werden in der Elementarteilchenphysik Teilchen mit immer größerer Masse erzeugt, die zu ihrer Erzeugung nach der einsteinschen Beziehung $E = m \cdot c^2$ immer größere Energien erfordern. Im folgenden soll die Entwicklung der Elementarteilchenphysik in wesentlichen Zügen bis zum derzeitigen Stand skizziert werden.

Entdeckung der Elementarteilchen

Vor etwa 50 Jahren waren als wesentliche elementare Bausteine der Materie das Proton, das Neutron und das Elektron bekannt. Außerdem hatte man aus dem Betazerfall bestimmter radioaktiver Isotope auf die Existenz eines weiteren neutralen Teilchens, des Neutrinos, geschlossen. Dieses zunächst hypothetische Teilchen war erforder-

lich für die in der Physik geltende Erhaltung von Energie und Impuls. Das Neutrino wurde später auch experimentell nachgewiesen.

Das Positron wurde 1933 mit Hilfe einer Nebelkammer entdeckt. Es handelt sich um ein Teilchen mit derselben Masse wie das Elektron, außerdem ist der Betrag seiner Ladung gleich dem des Elektrons. Der Unterschied besteht im Vorzeichen der Ladung, denn während das Elektron eine negative Ladung hat, ist die des Positrons positiv. Die Existenz solcher Paare von Teilchen und „Antiteilchen" war von dem englischen Physiker Paul Dirac vorhergesagt worden, als er die relativistisch verallgemeinerte Quantentheorie entwickelte. Wir wissen heute, daß es zu jedem Teilchen ein entsprechendes Antiteilchen gibt.

Ein weiterer Schritt war 1937 und 1938 die Entdeckung des Myons, das wie das Elektron der elektromagnetischen und der schwachen Kraft, aber nicht der starken Wechselwirkung unterliegt. Der Unterschied zum Elektron besteht in seiner Masse, die 206mal größer ist als die des Elektrons. Das Myon besitzt auch ein ihm zugeordnetes Neutrino, das aber nicht identisch ist mit dem Elektronen-Neutrino. Elektron und Myon mit den zugeordneten Neutrinos werden einer gemeinsamen Klasse von leichten Teilchen, den sogenannten „Leptonen" zugeordnet.

Nach der Entdeckung des Pi-Mesons im Jahre 1947 glaubte man, das Bindeteilchen der starken Kraft gefunden zu haben. Nach einer von Hideki Yukawa entwickelten Theorie wird die starke Wechselwirkung durch Austausch eines Teilchens bewirkt, das nach den Vorausberechnungen etwa die Masse des Pi-Mesons hat. Bei diesen Untersuchungen spielte zum erstenmal ein Teilchenbeschleuniger, nämlich das Synchrozyklotron in Berkeley, eine wichtige Rolle. Insgesamt wurden drei Pi-Mesonen entdeckt, die sich durch ihre elektrische Ladung unterscheiden. Es gibt ein positiv und ein negativ geladenes sowie ein neutrales Pi-Meson.

Die Entdeckung weiterer Teilchen, der sogenannten K-Mesonen und Hyperonen, auf die es schon 1944 Hinweise gab, hat zunächst viele Rätsel aufgegeben. Mit hochenergetischen Teilchenstrahlen konnten diese neuen Elementarteilchen nämlich immer nur paarweise erzeugt werden. Es wurde kein Ereignis registriert, in dem ein einzelnes K-Meson oder ein einzelnes Hyperon erzeugt worden waren. Schließlich gelang es, dieses Phänomen dadurch zu erklären, daß man diesen Teilchen eine neue, bisher nicht bekannte „Ladungsart", die man auch als „Quantenzahl" bezeichnet, zuordnete. Diese neue Ladung nennt man „Strangeness", die man bei starker Wechselwirkung erhält. Alle Kernteilchen haben danach die Strangeness $S = 0$, während K-Mesonen und Hyperonen die Werte $S = +1$ oder $S = -1$ haben.

Zur Untersuchung der Materie standen bis Anfang der fünfziger Jahre im wesentlichen nur kosmische Strahlen als hochenergetische Teilchenstrahlen zur Verfügung. Diese besteht aus Atomen, die vom Wasserstoff bis zum Uran reichen. Außerdem werden beim Auftreffen dieser Teilchen auf Atome in den höheren Luftschichten der Erdatmosphäre Schauer von Sekundärteilchen erzeugt, die dann bis auf die Erdoberfläche dringen.

Ab Mitte der fünfziger Jahre wurden immer mehr Teilchen entdeckt, bis schließlich etliche hundert „Elementarteilchen" gefunden waren. Im wesentlichen war diese Entwicklung durch den Bau immer größerer Teilchenbeschleuniger bewirkt worden, die in immer höhere Energiebereiche vorstießen. Die kaum noch zu übersehende Zahl von bekannten Teilchen ließ allerdings erhebliche Zweifel aufkommen, daß diese wirklich die elementaren Bausteine der Natur sind, wie man bisher angenommen hatte.

Ordnungsschema für die Elementarteilchen

Nach etlichen Versuchen gelang es, die Teilchen zu Familien oder Gruppen zu ordnen. Dabei drängte sich die Idee auf, die Teilchen aus zunächst rein hypothetischen subelementaren Einheiten aufzubauen, die „Quarks" genannt wurden (Bild 3). Der Name „Quark" war von dem amerikanischen Physiker Murray Gell-Mann vorgeschlagen worden, der dieses Fantasiewort dem Roman „Finnegans Wake" von James Joyce entnahm. Es genügten nur drei Quarks und die dazugehörigen Antiquarks, um alle bis dahin bekannten Teilchen aufzubauen. Sie wurden mit „up", „down" und „strange" oder kurz u, d und s bezeichnet, ihre Antiteilchen mit $\bar{u}$, $\bar{d}$ und $\bar{s}$.

Diesen Quarks mußten recht ungewöhnliche Eigenschaften zugeschrieben werden. Während man bisher nur Teilchen beobachtet hatte, die ein ganzzahliges Vielfaches der Elektronenladung besitzen, war es erforderlich, für die Quarks eine ⅓- oder ⅔-Ladung anzunehmen. So trägt das u-Quark die Ladung $+⅔$, während das d- und das s-Quark die Ladung $-⅓$ haben. Diese Tatsache hat zunächst große Schwierigkeiten gemacht, denn derartige gebrochene Ladungen wurden bis heute nicht nachgewiesen.

Nach dem Quarkmodell bestehen Protonen und Neutronen aus je drei Quarks. Proton und Neutron haben nach dieser Vorstel-

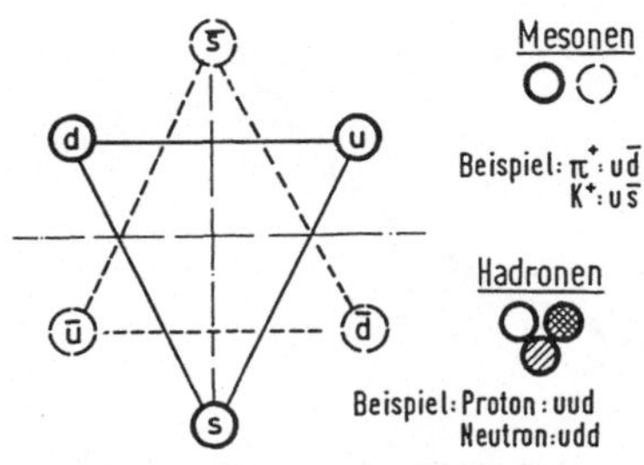

Bild 3: Ordnungsschema für die drei Quarks und deren Antiteilchen

lung die Gestalt (uud) und (udd). Die Mesonen bestehen nur aus zwei Quarks, und zwar einem Quark und einem Antiquark. Diese Strukturen aus zwei oder drei Quarks können angeregte Zustände – das sind Zustände höherer Energie – annehmen, die als neue Teilchen interpretiert wurden. Diese angeregten Zustände zerfallen dann in den Grundzustand.

Das Charm-Quark

Ende 1974 wurde gleichzeitig von zwei Physikergruppen ein neues Teilchen entdeckt, das den Namen J oder Psi erhielt. Die eine Gruppe arbeitete am Brookhaven National Laboratory unter Leitung von Samuel Chao Cheng Ting, die andere am Stanford Linear Accelerator Center unter Leitung von Burton Richter. Diese Entdeckung war so bedeutend, daß beiden Gruppenleitern der Nobelpreis verliehen wurde.

Dieses neue Teilchen ist ungefähr dreimal so schwer wie das Proton, aber noch bemerkenswerter ist, daß es überhaupt nicht in das bislang so erfolgreiche Teilchenschema paßt. Alle Bemühungen, das neue Teilchen in das Drei-Quark-Modell einzufügen, waren erfolglos. Daher blieb nur noch der Schluß übrig, daß es ein viertes Quark geben müsse, das sich durch eine neue Eigenschaft von den anderen unterscheidet, die als „Charm" bezeichnet wird. Das J/Psi-Teilchen ist danach ein Meson, das aus einem Charmquark und dessen Antiteilchen aufgebaut ist. Dieses Meson wird daher auch „Charmonium" genannt.

Auf Grund dieser $c\bar{c}$-Struktur hebt sich die Charmladung gerade auf, man spricht daher von einem „verdeckten Charm". Man kann Charmquarks aber auch mit den bisher bekannten Quarks zu Mesonen kombinieren, dann tritt die Charmladung nach außen auf. Derartige Teilchen, die man als D- und F-Mesonen bezeichnet, wurden inzwi-

Bild 4: Photonenspektrum des Charmoniums, aufgenommen vom Cristal-Ball-Detektor. Die gemessenen Linien sind in ihrer Struktur dem Wasserstoffspektrum sehr ähnlich.

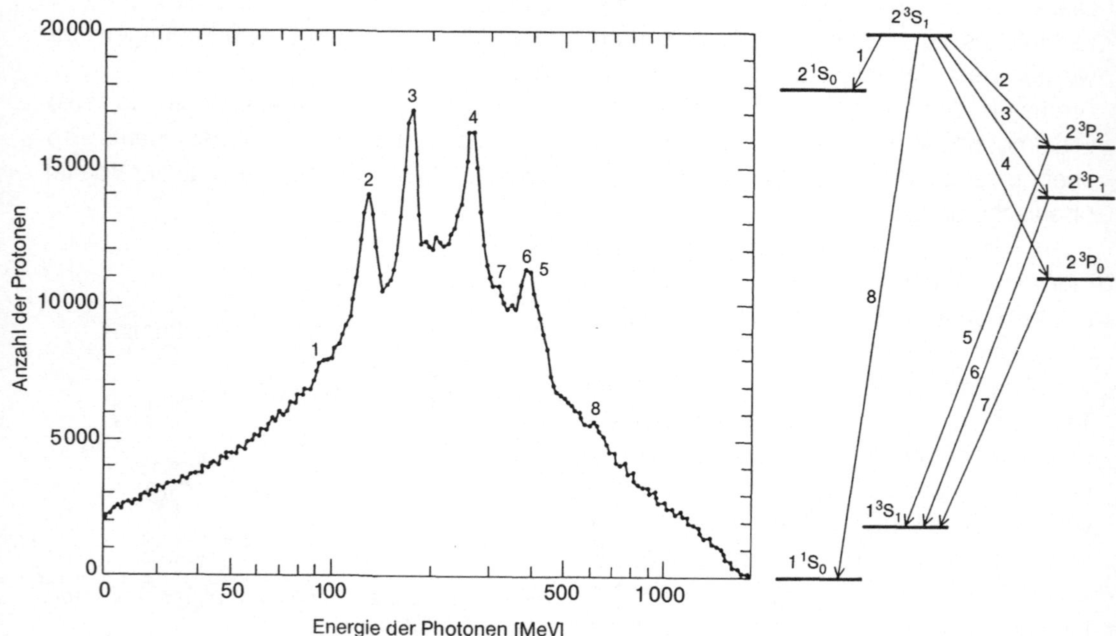

schen auch gefunden. Damit konnte das Quarkmodell weiter erhärtet werden.

Das neuentdeckte Charm-Quark hat eine ungewöhnlich große Masse, nämlich das etwa 1,5fache der Protonenmasse. Die Bindungsenergie der beiden Quarks im Charmonium ist dagegen relativ klein, woraus geschlossen werden kann, daß sich im Charmonium die Teilchen mit Geschwindigkeiten bewegen, die klein sind gegen die Lichtgeschwindigkeit. Daher ähnelt im Aufbau das Charmonium im Prinzip dem Positronium, das aus einer Verbindung von Positron und Elektron besteht.

Über Experimente mit dem Charmonium sind nähere Aussagen über die Eigenschaften der starken Kraft zu erhalten, die zwischen den Quarks wirkt. Zu Beginn dieses Jahrhunderts wurde aus dem Lichtspektrum des Wasserstoffatoms die Quantenmechanik entwickelt. Dabei war die Kraft, die zwischen Elektron und Proton wirkt, sehr genau bekannt. Es handelt sich um eine Kraft, die durch das Coulombsche Gesetz beschrieben wird. Dieses wiederum basiert auf den allgemeinen Maxwellschen Gleichungen. Heute ist beim Charmonium die Situation gerade umgekehrt: Die Quantenmechanik ist als Theorie zur Beschreibung der Vorgänge im Mikrokosmos unbestritten und kann als bekannte Tatsache vorausgesetzt werden. Die Vermessung des Charmonium-Spektrums kann daher umgekehrt benutzt werden, um Näheres über die starke Wechselwirkung zu erfahren (Bild 4). Darin liegt vor allem die große Bedeutung der überraschenden Entdeckung des Charmoniums.

Nimmt man alle bisher vorliegenden Ergebnisse zusammen, so bestätigt sich die sehr weitgehende Ähnlichkeit zwischen dem Positronium- und dem Charmonium-Niveauschema.

Mesonen bestehen immer aus einem Quark und irgendeinem Antiquark. Nimmt man die vier bisher bekannten Quarks u, d, s und c, so ergeben sich insgesamt 16 Kom-

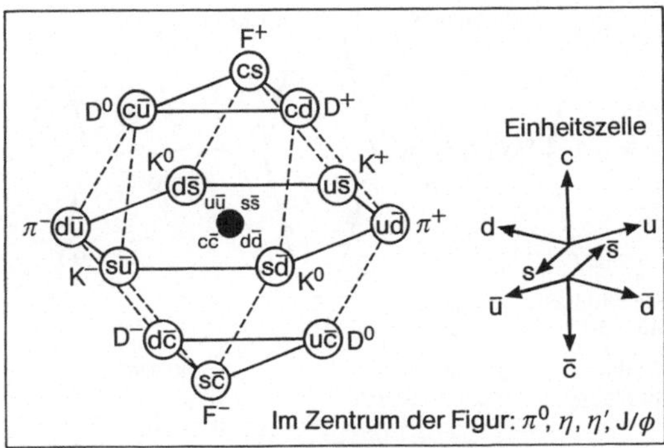

Ein viertes Quark: »Charm«

Bild 5: Erweitertes Ordnungsschema unter Einbeziehung des Charm-Quarks

binationen, die sich im Zentrum und den Ecken eines Kubooktaeders anordnen lassen (Bild 5). Im Zentrum findet man die Mesonen, die aus einem Quark und seinem eigenen Antiquark bestehen. Alle anderen gemischten Kombinationen bilden jeweils die Eckpunkte der räumlichen Figur. Alle in diesem Schema angegebenen Teilchen wurden inzwischen nachgewiesen.

Die Kraft zwischen den Quarks:
Gluonen

Die Kraft zwischen Elementarteilchen wird ganz allgemein durch den Austausch von Bindeteilchen erzeugt (Bild 6). So entsteht die Kraftwirkung zwischen elektrisch geladenen Teilchen durch den Austausch von Photonen, den Quanten des elektromagnetischen Feldes. Ganz analog bewirken „Gluonen" die Bindung zwischen den Quarks.

Diese Gluonen haben eine neue Eigenschaft, die man als „Farbe" bezeichnet. Daher heißt auch die Theorie der starken Kraft Quanten-Chromodynamik oder kurz QCD. Nach dieser Theorie können die Quarks innerhalb eines Teilchens drei verschiedene „Farbzustände" haben, genannt grün, blau

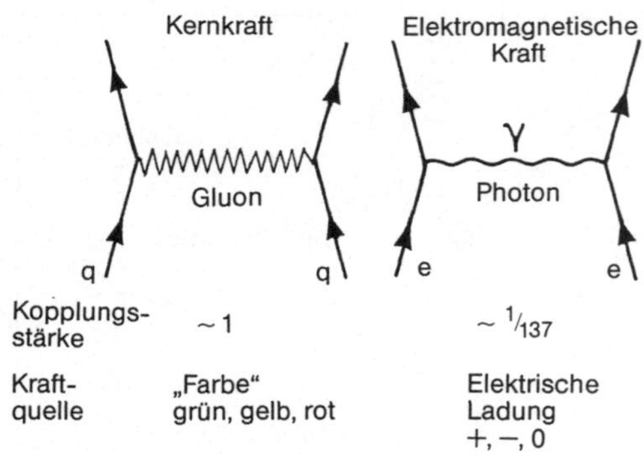

Bild 6: Kraftwirkung zwischen zwei Teilchen durch Austausch von sogenannten Bindeteilchen

oder rot. Alle freien Teilchen zeigen diese Farbzustände nach außen nicht, sie sind sozusagen „weiß". Solche weißen Teilchen lassen sich nur auf zwei Weisen durch Kombination der drei Quarkfarben erzeugen: einmal durch drei Quarks, von denen eines rot, ein anderes grün und das dritte blau ist, oder durch Kombination eines Quarks mit einem Antiquark gleichen Quarkzustandes. Dadurch hebt sich die Farbe nach außen hin auf. Das ist die Erklärung, warum es in der Natur nur Mesonen mit zwei Quarks und „Baryonen" mit drei Quarks gibt, zu denen auch das Proton und das Neutron gehören.

Bei der elektromagnetischen Wechselwirkung nimmt die Bindungskraft zwischen den Teilchen sehr schnell mit größer werdendem Abstand ab. Das ist nicht so bei der Bindung von zwei Quarks, bei der die Kraft annähernd konstant bleibt. Es ist so, als würde eine Art „Gummiband" zwischen den Quarks bestehen.

Um einzelne Quarks isoliert nachzuweisen, müßte man beispielwiese zwei gebundene Quarks trennen. Wenn man den Abstand zwischen den Quarks immer weiter vergrößert, wird schließlich der Punkt erreicht, bei dem sozusagen das Gummiband „reißt". An der Bruchstelle bilden sich dabei neue Quark-Antiquark Paare, die sich mit den getrennten Quarks sofort wieder zu Mesonen oder Baryonen vereinigen. Das ist

der Grund, warum es nicht gelingt, einzelne Quarks im Experiment zu erzeugen.

Der erste indirekte Nachweis der Gluonen gelang am Positron-Elektron-Speicherring PETRA. Beim Zusammenstoß der hochenergetischen Teilchenstrahlen kommt es zur Vernichtung von Elektron und Positron, woraus sich ein Quark-Antiquark-Paar bildet. Die beiden Quarks streben dann mit hoher Geschwindigkeit in entgegengesetzter Richtung auseinander. Die Gluonbindung reißt schließlich auf, und jedes der beiden dabei neu entstehenden Quarks vereinigt sich sofort mit jeweils einem der beiden auseinanderfliegenden Quarks zu einem neuen Meson. Es fliegen danach zwei Mesonen in entgegengesetzter Richtung auseinander, die auf Grund ihrer kurzen Lebensdauer schnell weiter in eine Vielzahl von Sekundärteilchen zerfallen. Man beobachtet deshalb nach einem solchen Prozeß zwei Bündel von Teilchenstrahlen, sogenannten „Jets", die vom Zentrum des Stoßes in verschiedene Richtungen auseinanderlaufen. Es kann allerdings vorkommen,

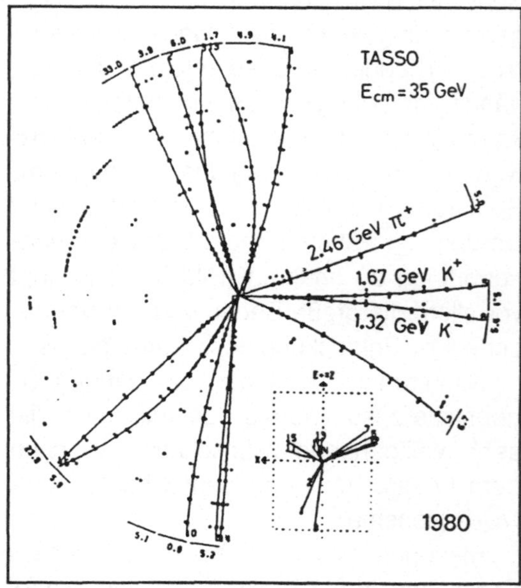

Bild 7: Nachweis des Gluons durch ein 3-Jet-Ereignis

daß eines der ursprünglich gebildeten Quarks ein Gluon emittiert, das sich dann ebenfalls mit neugebildeten Quarks vereinigt. In diesem Fall werden drei Teilchenbündel beobachtet. Inzwischen wurden eine Reihe solcher 3-Jet-Ereignisse nachgewiesen (Bild 7).

Die Quark-Leptonen-Symmetrie

Sowohl Quarks als auch Leptonen können in physikalischen Prozessen nicht einzeln geschaffen oder vernichtet werden, es können immer nur Teilchen-Antiteilchen-Paare gebildet werden, sofern die Energie dazu ausreicht. Demgegenüber können die Bindeteilchen, also die Photonen und Gluonen, in beliebiger Zahl erzeugt und vernichtet werden. Für die Leptonen und die Quarks gilt also streng der Erhaltungssatz der Teilchenzahl. Aus diesem Grunde war es bemerkenswert, daß man jetzt vier Leptonen (Elektron, Elektronneutrino, Myon und Myonneutrino) und vier Quarks (u, d, s und c) kannte. Diese ließen sich leicht in ein symmetrisches Schema einordnen. Es besteht also eine Symmetrie zwischen der Zahl der Leptonen und der der Quarks.

Diese aus theoretischen Gründen so wichtige Symmetrie wurde 1977 zunächst zerstört, als am Speicherring DORIS der eindeutige Nachweis gelang, daß es noch ein weiteres sehr schweres Lepton gibt, das man „Tau-Lepton" nannte. Hinweise darauf hatte es schon vorher am Stanford-Positron-Elektron-Assymetric-Ring SPEAR in Kalifornien gegeben. Dieses neue Lepton ist ungefähr 3500mal so schwer wie das Elektron und besitzt ein ihm zugeordnetes Neutrino. Damit standen jetzt sechs Leptonen den vier bekannten Quarks gegenüber.

In dieser Situation wurde natürlich schnell die Vermutung geäußert, daß es dann auch mindestens sechs Quarks geben müsse. Erste Hinweise auf ein fünftes Quark gab es 1977 aus Experimenten, die am Fermi National Laboratory bei Chicago gemacht wurden. Eine Gruppe unter Leitung von Leon Lederman hatte hochenergetische Protonen auf Beryllium geschossen. Im Energiebereich um 10 GeV traten Ereignisse

Bild 8: Entdeckung des Y-Mesons. Die breiten Linien wurden aus Myonpaarerzeugungen gewonnen, während die schmaleren Linien am Elektron-Positron-Doppel-Ring-Speicher DORIS gemessen wurden

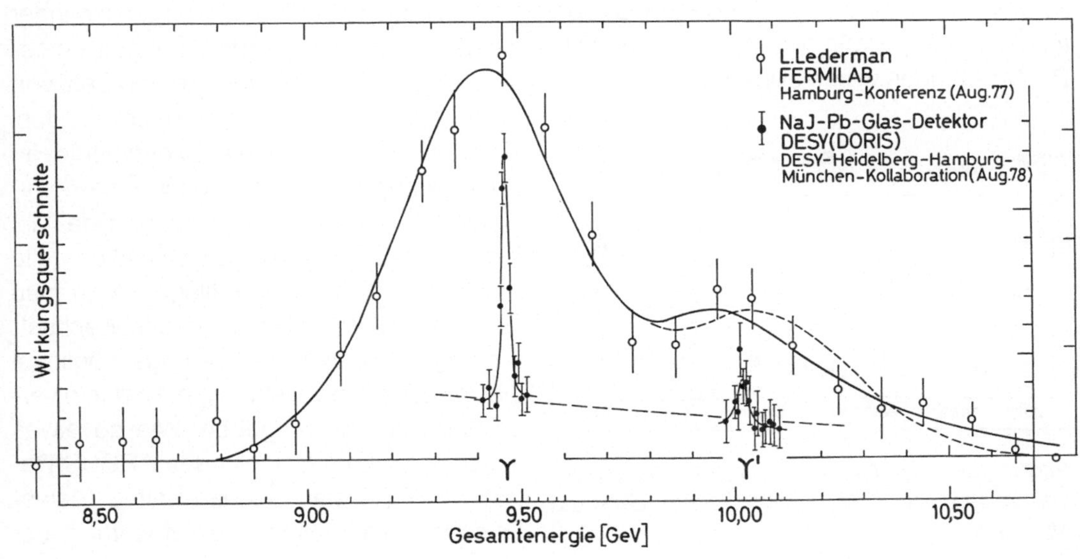

auf, die auf die Bildung eines neuen Mesons schließen ließen. Diese Experimente waren aber nicht genau genug, um eine klare Deutung zuzulassen. Es wurde daher versucht, die Energie des Speicherrings DORIS in Hamburg so zu erhöhen, daß Teilchenreaktionen im Energiebereich um 10 GeV möglich wurden. Nach einigen Anstrengungen gelang es tatsächlich, das neue Teilchen nachzuweisen, das als „Y-Meson" bezeichnet wurde. Die Messungen waren dabei sehr viel genauer und bestätigten die Vermutung, daß dieses Meson aus einem Paar bisher nicht bekannter Quarks aufgebaut ist, die den Namen „bottom"-Quarks erhielten (Bild 8).

Das Y-Meson kann ganz analog zum J/Psi-Meson Positronium-ähnliche Energieniveaus annehmen, die in den letzten Jahren eingehend untersucht wurden, um weitere Informationen über die starke Kraft zu gewinnen. Diese Experimente sind noch nicht abgeschlossen.

Um die Symmetrie zwischen Quarks und Leptonen wieder herzustellen, ist noch ein sechstes Quark, das „top"-Quark, erforderlich. Erste experimentelle Hinweise auf dieses schwerste Quark gab es 1983 am Super-Protonen-Synchrotron (SPS) beim Conseil européene pour la recherche nucléaire (CERN). Hier wurden von Carlo Rubbia Proton-Antiproton-Stoßreaktionen untersucht. Die Messungen waren allerdings noch nicht

sehr genau, daher kann die Masse des top-Quarks nur grob abgeschätzt werden. Sie liegt zwischen 30 und 50 GeV. Allerdings muß die Existenz des t-Quarks erst noch durch eindeutige Experimente bestätigt werden.

Nach dem derzeitigen Stand der Erkenntnis gibt es sechs Leptonen und sechs Quarks, die sich in einem symmetrischen Schema anordnen lassen (Bild 9). Ob damit alle in der Natur vorkommenden Elementarteilchen erfaßt sind, ist allerdings keineswegs sicher.

Teilchendetektoren

Wie im Kapitel über die Technik der Beschleuniger beschrieben wurde, begann das Studium der Elementarteilchen damit, daß man auf ein ruhendes Target die beschleunigten Teilchenstrahlen schoß und die dabei gebildeten neuen Teilchen hinter dem Target mit Hilfe von Zählern nachwies. Im einfachsten Fall genügte ein Zähler, der nacheinander in verschiedene Positionen bewegt wurde.

Derartige Experimente sind nur noch wenig im Einsatz. Einmal sind die heute untersuchten Ereignisse so selten, daß man es sich gar nicht leisten kann, nacheinander die verschiedenen Raumwinkel auszumessen, man muß es mit einer großen Zahl von dicht angeordneten Zählern gleichzeitig tun. Zum anderen haben die Experimente an Speicherringen, die inzwischen eine dominierende Rolle spielen, dazu geführt, daß die Sekundärteilchen relativ gleichmäßig in alle Richtungen des Raumes fliegen. Man muß also den gesamten Raum um den Wechselwirkungspunkt des Speicherrings möglichst gleichmäßig und vollständig mit Zählern verschiedenster Art umgeben. Wie so etwas aussieht, soll am Beispiel des ARGUS-Detektors (A Russian-German-United States-Sweden collaboration) gezeigt werden, der

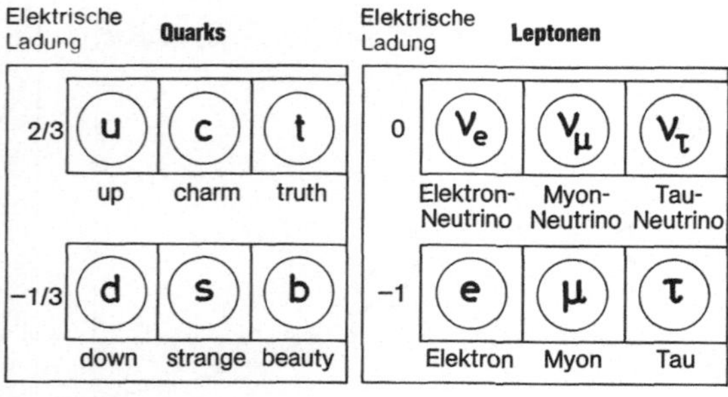

Bild 9: Die sechs Quarks und die sechs Leptonen lassen sich in ein symmetrisches Schema einordnen

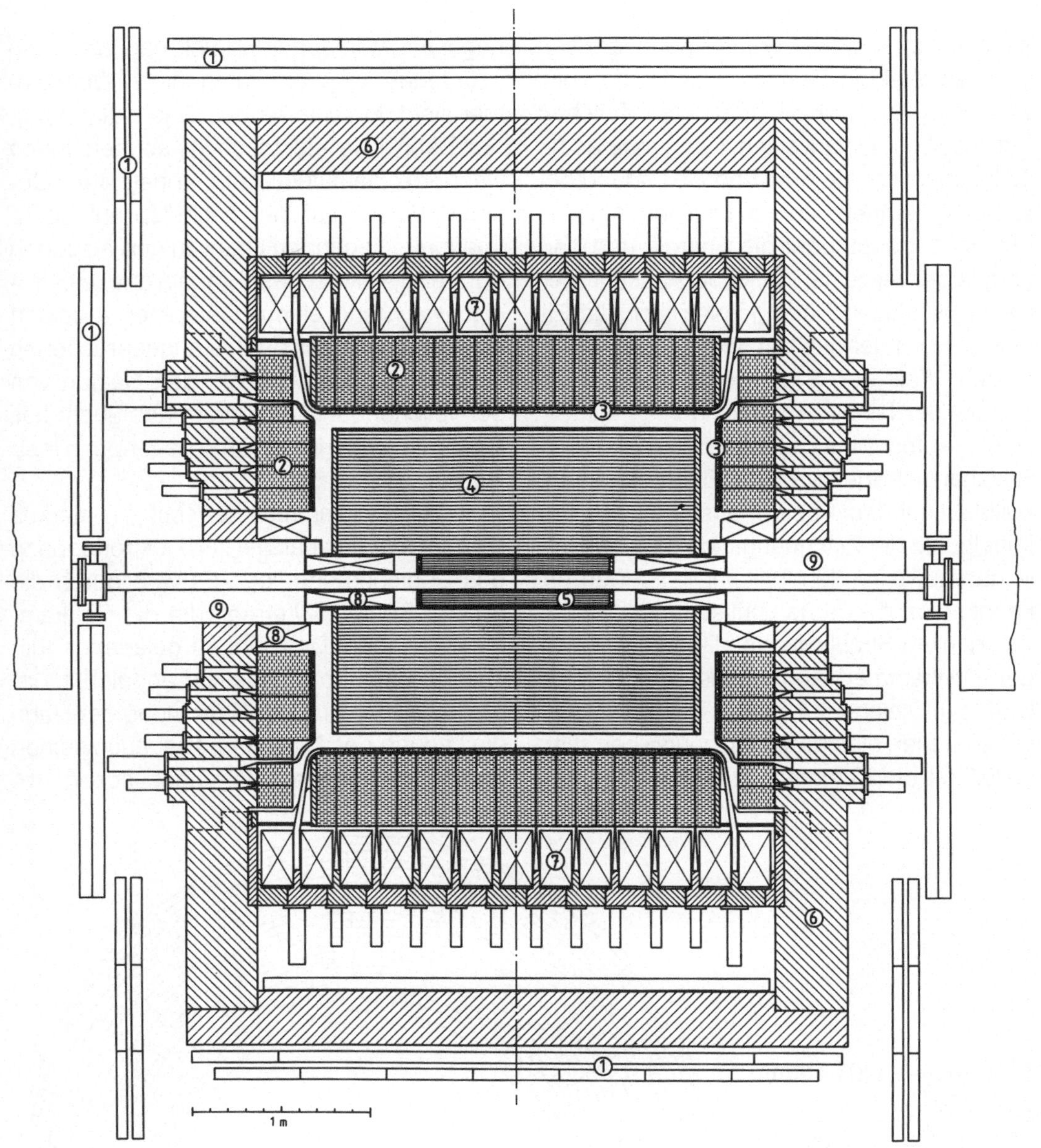

Bild 10: Querschnitt durch den Teilchendetektor ARGUS; (1) Myonzähler, (2) Schauerzähler (3) Flugzeitzähler, (4) Driftkammer, (5) Vertexkammer, (6) Eisenjoch, (7) Magnetspule (8) Kompensationsspule, (9) Mini beta Quadrupol

am Doppel-Ring-Speicher DORIS II bei Deutschen Elektronen-Synchrotron (DESY) in Hamburg installiert ist.

Mit dem ARGUS-Detektor werden vor allem die Y-Mesonen studiert, die allerdings eine extrem kurze Lebensdauer von weniger als 10^{-20} Sekunden haben. In dieser Zeit kann das Y-Meson nur einen winzigen Bruchteil eines Atomdurchmessers zurücklegen, dann zerfällt es in andere, längerlebende Teilchen. Es ist deshalb unmöglich, das Y-Meson direkt in einem Zähler nachzuweisen. Es ist daher äußerst wichtig, daß alle Zerfallsteilchen des Y-Meson erfaßt werden, um daraus den ursprünglichen Prozeß rekonstruieren zu können. Daraus ergeben sich einige wichtige Forderungen an den Teilchendetektor: Er muß in der Lage sein, *alle* beim Stoßprozeß gebildeten Teilchen gleichzeitig nachzuweisen. Dann muß er die Teilchenart identifizieren und die Ladung bestimmen können, und schließlich muß er möglichst genau über die Energie und den Impuls der einzelnen Teilchen Auskunft geben. Aus diesen Daten lassen sich die Eigenschaften der neu gebildeten Teilchen, in diesem Fall der Y-Mesonen, bestimmen und mit der Theorie vergleichen.

Der Aufbau des Detektors ist in Bild 10 in Seitenansicht gezeigt. Der Elektronenstrahl kollidiert mit dem Positronenstrahl genau im Mittelpunkt der Zeichnung. Von da gehen alle nachzuweisenden Teilchen aus. Man erkennt sofort die große „Driftkammer" *(4)*, die den ganzen Strahl wie eine Dose umgibt. In der Driftkammer sind einige 10000 feine Drähte in gleichem Abstand gespannt, zwischen denen eine hohe Spannung herrscht. Gefüllt ist die Kammer mit einem Gas, das

ungefähr Atomsphärendruck hat. Wenn ein geladenes Teilchen durch diese Driftkammer fliegt, ionisiert es das Gas entlang seiner Bahn. Die elektrisch geladenen Ionen wandern daraufhin mit konstanter Geschwindigkeit auf den nächsten auf Hochspannung liegenden Draht zu und erzeugen dort ein elektrisches Signal, das elektronisch verstärkt einem Computer zugeführt wird. Aus der Position des angesprochenen Drahtes und der Zeit, die das Gasion von der Teilchenbahn zum Draht gebraucht hat, kann man sehr genau die Teilchenbahn festlegen.

In der Driftkammer herrscht ein starkes Magnetfeld, das parallel zur Elektronenbahn des Speicherrings liegt. Es wird durch die großen Spulen *(7)* erregt, die die Driftkammer umgeben. Die Bahnen geladener Teilchen werden im Magnetfeld abgelenkt, daher kann man aus der Krümmung der Bahn die Ladung des Teilchens, aber auch seinen Impuls bestimmen. Zur magnetischen Ab-

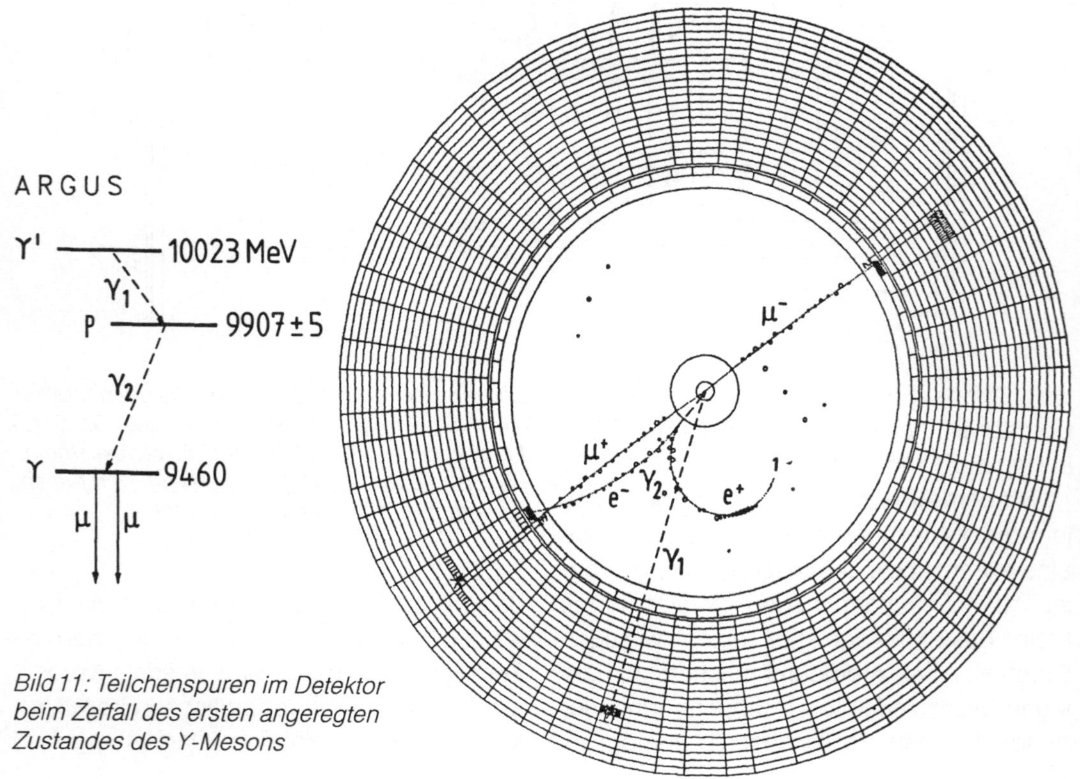

Bild 11: Teilchenspuren im Detektor beim Zerfall des ersten angeregten Zustandes des Y-Mesons

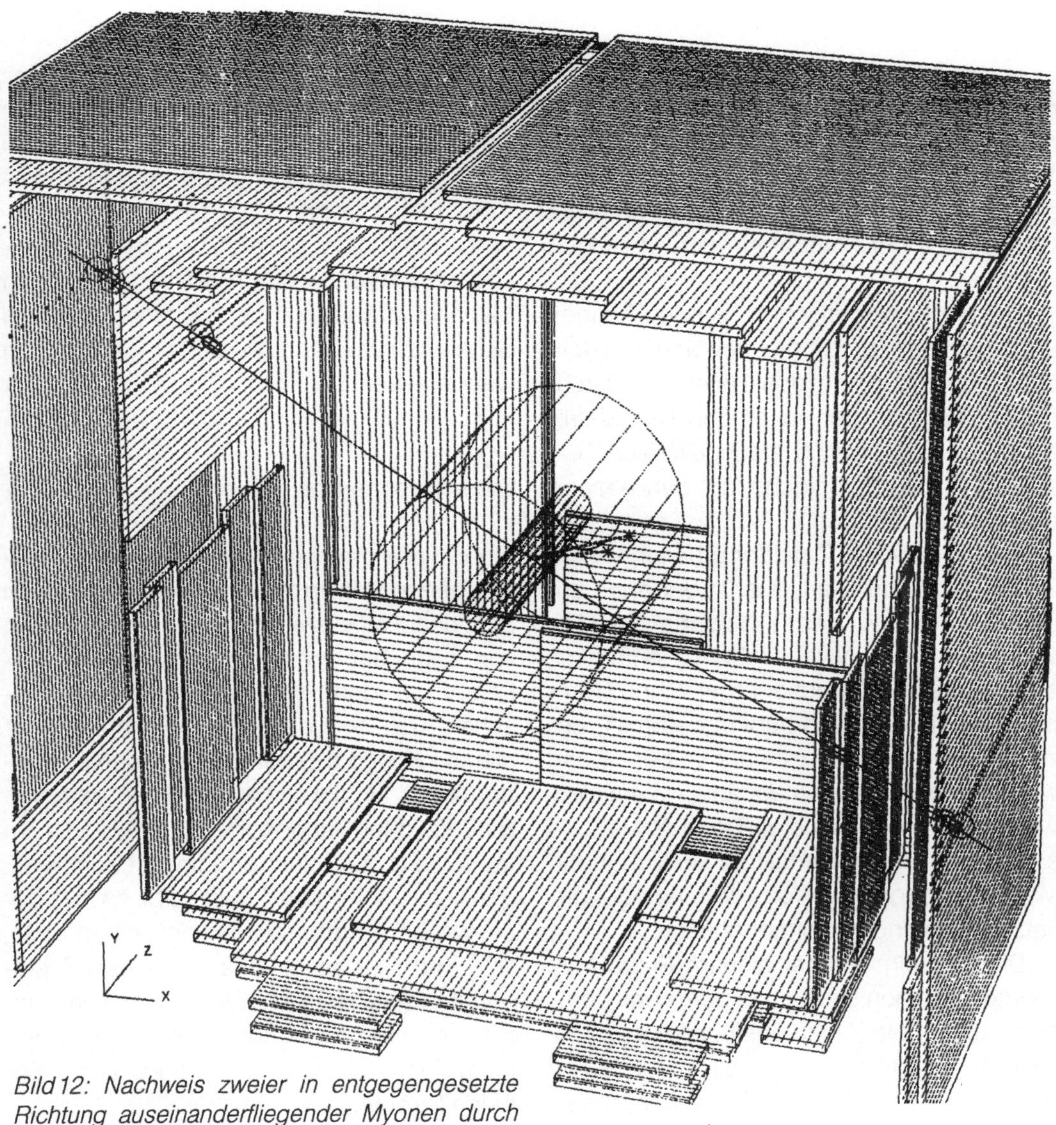

Bild 12: Nachweis zweier in entgegengesetzte Richtung auseinanderfliegender Myonen durch die Myonzähler

schirmung ist der ganze Detektor von einem nahezu vollständig geschlossenen massiven Eisenjoch *(6)* umgeben.

Mit der Driftkammer können keine elektrisch neutralen Gammaquanten nachgewiesen werden. Daher sind um die Driftkammer viele „Schauerzähler" *(2)* angeordnet. Diese bestehen aus abwechselnden Schichten von Blei und einem Szintillationsmaterial, das beim Durchgang eines geladenen Teilchens Lichtblitze erzeugt. Ein Gammaquant trifft zunächst auf das Blei und erzeugt ein Paar von Elektronen und Positronen, die wiederum beim Abbremsen Gammaquanten erzeugen. Diese sekundären Quanten erzeugen dann wieder Elektron-Positron-Paare. Der dadurch erzeugte Schauer von geladenen Teilchen ruft in den Szintillatorschichten einen kräftigen Lichtblitz hervor, der in sogenannten Fotomultipliern in elektrische Impulse umgesetzt wird. Durch die große Zahl der Schauerzähler kann der Verlauf der Bahn des Gammaquants hinreichend genau ermittelt werden.

In der Driftkammer befindet sich noch eine im Prinzip ähnlich gebaute „Vertexkammer" (5). Sie dient dazu, den Bahnverlauf der Teilchen in der Nähe des Entstehungsortes sehr genau zu messen. Dadurch kann die Genauigkeit der Meßdaten noch gesteigert werden.

Die hochenergetischen Myonen können im Gegensatz zu den meisten anderen Teilchen das Eisenjoch des Detektors durchdringen. Sie werden in großen flächenartigen Myonzählern (1) nachgewiesen, die außerhalb des Eisenjochs fast den gesamten Detektor umgeben.

Wie ein solcher Detektor arbeitet, sei am Zerfall des Y' erläutert, das ist der erste angeregte Zustand des Y-Mesons (Bild 11). Wie man dem Niveauschema entnimmt, sendet das Y' ein hochenergetisches Gammaquant (γ_1) aus und geht in den mit P bezeichneten Zwischenzustand über. Dann wird ein zweites Gammaquant (γ_2) emittiert, wonach der Grundzustand des Y-Mesons erreicht ist. Dieses zerfällt schließlich in ein Myon-Antimyon-Paar, das in entgegengesetzter Richtung auseinanderfliegt.

Die Bahnen der bei diesem Prozeß erzeugten Teilchen sind gut in dem vom Computer erzeugten Querschnittsbild des Detektors zu sehen. Man blickt dabei in Richtung der im Speicherring umlaufenden Strahlen. Die innere weiße Fläche ist die Driftkammer, während der Rand die Schauerzähler markiert. Das gestrichelt gezeigte erste Gammaquant hat keine Spur in der Driftkammer hinterlassen, aber eindeutig einen Schauerzähler angesprochen. Das zweite Gammaquant ist nur bis zur Vakuumkammer des Speicherrings gekommen und dort auf einen Atomkern getroffen. Dabei hat es ein Elektron (e$^-$) und ein Positron (e$^+$) gebildet.

Es ist deutlich zu sehen, daß die beiden Teilchen auf Grund ihrer entgegengesetzten Ladung auch im Magnetfeld entgegengesetzt abgelenkt werden. Das Elektron hat

dabei eine deutlich höhere Energie als das Positron, was man an der schwächeren Bahnkrümmung erkennen kann. Die Spuren der beiden in Gegenrichtung auseinanderfliegenden Myonen sind deutlich zu erkennen. In Bild 12 ist gezeigt, wie diese weitreichenden Myonen durch die verschiedenen Myonzähler laufen. Das Jocheisen und die Schauerzähler sind in dieser Darstellung weggelassen.

Die schwache Kraft

Einem erfolgreichen und weitgehend verstandenen Prinzip folgend, geht man davon aus, daß Kräfte zwischen Elementarteilchen von sogenannten Austauschteilchen übertragen werden. Bei der elektromagnetischen Kraft sind das die Photonen, bei der starken Kraft die Gluonen. Ganz analog werden auch für die schwache Kraft derartige Bindeteilchen angenommen (Bild 13). Im Gegensatz zur elektromagnetischen Kraft, die nur das Photon kennt, gibt es bei der schwachen Kraft drei Bindeteilchen: W$^+$, W$^-$ und Z. Das elektrisch neutrale Z entspricht dabei dem ebenfalls neutralen Photon der elektromagnetischen Wechselwirkung. Man spricht deshalb auch von „neutralen Strömen".

Ein wesentlicher Unterschied zwischen der schwachen Kraft und den anderen Wechselwirkungen besteht darin, daß W und Z eine Masse haben, während Photon

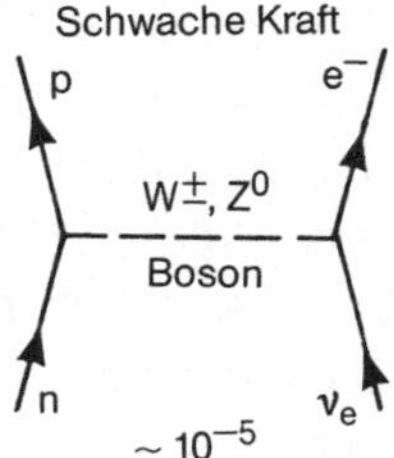

Bild 13: Übertragung der schwachen Kraft durch Austausch eines W-Teilchens

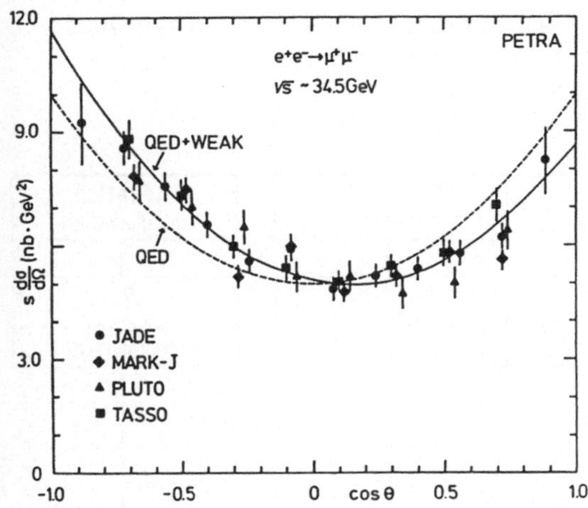

Bild 14: Messung der durch Austausch eines Z-Teilchens bewirkten Asymmetrie in der Winkelverteilung bei der Myonen-Paarerzeugung

und Gluon masselos sind. Die ansonsten weitgehend analogen Austauschmechanismen bei der Erzeugung der Bindungskräfte hat nach vielen theoretischen und experimentellen Arbeiten auf diesem Gebiet heute praktisch zur Vereinigung der elektromagnetischen und der schwachen Kraft geführt.

Nach dem experimentellen Nachweis der Photonen und der Gluonen fehlte noch als entscheidender Test der Nachweis der W- und Z-Teilchen. In einer Fülle von Experimenten vor allem mit Neutrinostrahlen war zwar die Annahme solcher Teilchen immer wieder bestätigt worden, es handelte sich aber stets um sehr indirekte Nachweise. Ein erstes deutlicheres Experiment wurde an dem Positron-Elektron-Tandem-Ringbeschleuniger-Anlage (PETRA) in Hamburg gemacht. Dazu wurde die Anzahl der beim Zusammenprall eines Elektron mit einem Positron gebildeten Myonen-Antimyonen-Paars unter verschiedenen Winkeln in bezug auf die Flugrichtung des Elektronenstrahls gemessen (Bild 14). Wenn dabei nur die elektromagnetische Kraft wirken würde, sollte die Intensität symmetrisch bezüglich der Richtung des Elektronenstrahls verteilt

sein. Die Theorie der schwachen Wechselwirkung sagt dagegen voraus, daß bei den mit PETRA erreichbaren Energien schon bei einem merklichen Anteil der Reaktionen ein Austausch von Z-Teilchen stattfindet, der sich in einer Unsymmetrie der Winkelverteilung äußert. Diese Unsymmetrie wurde in der Tat gefunden (Bild 14).

Ende 1982 kam beim CERN ein Experiment in Gang, wobei das Super-Protonen-Synchrotron SPS in einen Proton-Antiproton-Speicherring umgebaut worden war. Wenn Protonen und Antiprotonen mit sehr hoher Energie zusammengeschossen und dabei Quarks und Antiquarks vernichtet werden, können auch W- und Z-Teilchen entstehen. Deren Zerfall kann in einem Detektor dann nachgewiesen werden. Dieses von Carlo Rubbia geleitete Experiment war erfolgreich, und schon im Juli 1983 waren etwa 100 Zerfälle des W-Teilchens und 12 des Z-Teilchens analysiert. Die ermittelten Massen der Teilchen sind $W = 81$ GeV und $Z = 93$ GeV. Es ist bemerkenswert, daß diese Werte sehr gut mit den Berechnungen der Theorie übereinstimmen. Somit kann die Theorie der schwachen Kraft jetzt als gesichert angesehen werden. Für den Nachweis der W- und Z-Teilchen wurde inzwischen der Nobelpreis vergeben.

Zusammenfassung und Ausblick

In der Elementarteilchenphysik ist es gelungen, die in den fünfziger und sechziger Jahren gefundene große Fülle von Teilchen auf sechs Quarks und sechs Leptonen zurückzuführen, die derzeit als eigentliche Elementarteilchen angesehen werden. Außerdem konnte man zeigen, daß alle Kräfte in der Natur von bestimmten Austauschteilchen übertragen werden. Theorien, die diese Phänomene beschreiben, nennt man „Eichtheorien". Die Quantenelektrodynamik, die Vereinigung von elektromagnetischer und

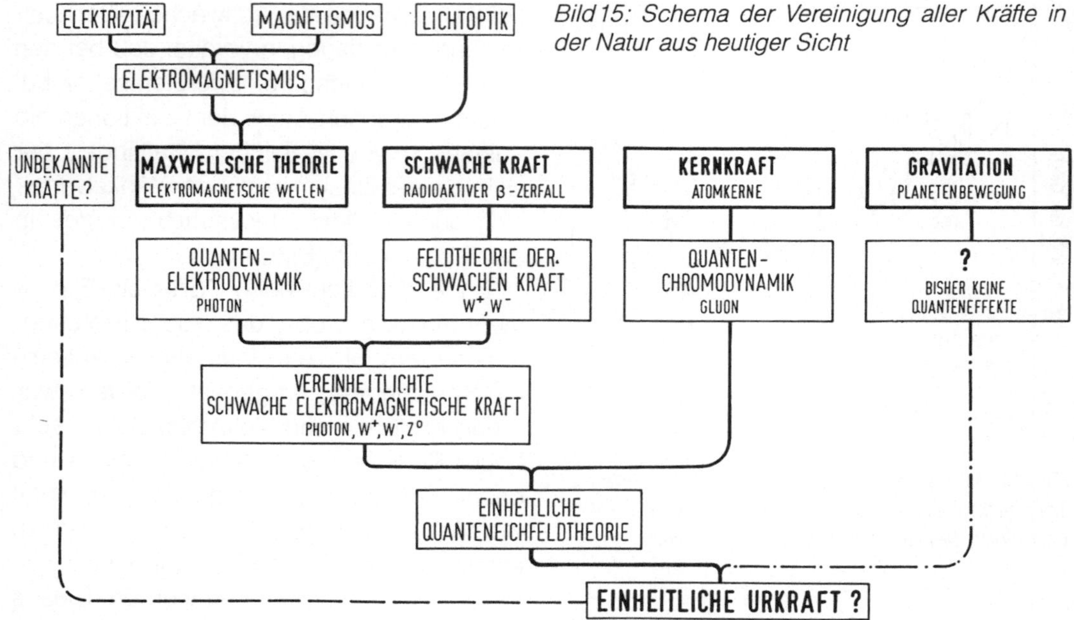

Bild 15: Schema der Vereinigung aller Kräfte in der Natur aus heutiger Sicht

schwacher Kraft und die Quarktheorie werden heute üblicherweise zum sogenannten „Standardmodell" zusammengefaßt.

Völlig ungelöst ist dagegen die Frage, warum die Teilchen gerade die Masse haben, die man im Experiment findet. Diese Frage wird vielleicht erst zu beantworten sein, wenn es gelungen ist, alle drei Kräfte, die elektromagnetische, die starke und die schwache, zu einer vereinheitlichten Kraft zusammenzufassen.

Ein noch größeres Rätsel gibt die Gravitation auf, die zwar am längsten bekannt, aber noch weitgehend unverstanden ist. Das mag daran liegen, daß sie im Verhältnis zu den anderen Kräften sehr viel schwächer ist. Bei der Bewegung der Planeten spielt sie die entscheidende Rolle, ist aber experimentell im Laboratorium nur sehr schwer zugänglich. Versuche, ein Austauschteilchen zu finden, das die Anziehungskraft der Massen überträgt, sind ohne Erfolg geblieben. Auch konnten keine Quanteneffekte der Gravitation nachgewiesen werden.

Ob es daher einmal gelingen wird, alle vier Kräfte in der Natur auf eine einzige vereinheitlichte Kraft zurückzuführen, kann derzeit nicht entschieden werden; es ist nicht einmal sicher, ob es nicht noch mehr Kraftwirkungen gibt. Trotzdem geben die beachtlichen Fortschritte in der Elementarteilchenphysik gerade im letzten Jahrzehnt die Hoffnung, das gesteckte Ziel einmal zu erreichen. Bild 15 skizziert das Schema der Vereinigung aller Kräfte zur einheitlichen Urkraft. Es sieht so aus, als würden vor allem Symmetrien eine wesentliche Rolle spielen, wie etwa die Quark-Lepton-Symmetrie. Man hofft, daß man das System der Elementarteilchen wie auch die zwischen ihnen wirkenden Kräfte letzten Endes auf Symmetrieprinzipien zurückführen kann.

Anhang

Alpha-Teilchen	Kerne von Heliumatomen, bestehend aus zwei Protonen und zwei Neutronen. Alpha-Teilchen werden bei bestimmten radioaktiven Zerfällen aus schweren Atomkernen emittiert.
Angeregter Zustand	Zustand eines physikalischen Systems (z.B. Molekül, Atom Atomkern), der eine höhere Energie als der Grundzustand hat. Angeregte Zustände haben im allgemeinen eine kurze Lebensdauer und kehren unter Emission von Photonen in den Grundzustand zurück.
Ablator	In der Inertial-Fusionstechnik ist der Ablator der Teil des (→) Pellets, der abgestoßen (ablatiert) wird und den Rückstoß-Impuls für die Kompression liefert. Der nicht abgestoßene Teil der Pellet-Hülle hat die Funktion eines (→) Pushers.
Antiteilchen	Zu jedem Elementarteilchen gehörendes Partikel, das dieselbe Masse besitzt, dessen gleich große Ladung aber das entgegengesetzte Vorzeichen aufweist. Treffen ein Teilchen und sein Antiteilchen zusammen, zerstrahlen sie vollständig.
Baryonen	Aus drei (→) Quarks aufgebaute Teilchen. Die prominentesten Vertreter sind das Proton und das Neutron.
Betatronschwingungen	Schwingungen, welche die Teilchen eines Strahls beim Umlauf in einem Beschleuniger auf Grund der Strahlfokussierung senkrecht zur Ausbreitungsrichtung ausführen
Bremsstrahlung	Elektromagnetische Strahlung, die beim Auftreffen eines Elektrons auf Materie und der dadurch bewirkten starken Abbremsung erzeugt wird
Brillanz eines Strahls	(auch Brightness, Helligkeit): Der Quotient aus Strahlstrom und den (→) Emittanzen der beiden Transversalrichtungen. Dieser Quotient muß eingeführt werden, weil die Dichte eines Strahles beliebig beeinflußbar und daher als Kenngröße für die Strahlqualität ungeeignet ist.
Cavities	Beschleunigungsstrecken, in denen hohe Spannungen von mehreren Millionen Volt zur Beschleunigung von Teilchen erzeugt werden
Deuterium	Wasserstoffisotop mit der doppelten Atommasse des gewöhnlichen Wasserstoffs. Sein Kern besteht aus einem Proton und einem Neutron.
Deuteron	Kern des (→) Deuteriums
Driftröhre	Ein im allgemeinen einfaches gerades Rohrstück, in dem sich beschleunigte Teilchen ohne äußere Kraftwirkung geradlinig bewegen

Elektrisches Quadrupolmoment	Ein Maß für die Abweichung der Atomkernform von der Kugelgestalt
Elektronenvolt	Die Energie, die ein Elektron gewinnt, wenn es in einem elektrischen Feld eine Spannungsdifferenz von 1 Volt durchläuft
Elektrostatik	Lehre von den ruhenden elektrischen Ladungen und deren Wirkung auf ihre Umgebung. Das Kraftgesetz zwischen ruhenden elektrischen Ladungen wurde experimentell von Charles Augustin de Coulomb gefunden (Coulomb-Gesetz).
Emittanz	Ein Maß für den Querschnitt eines Strahls in einem Beschleuniger. Die Emittanz ist das Produkt aus den mittleren Abweichungen und den mittleren Winkeln, die die Teilchen eines Strahls bezüglich der Idealbahn aufweisen.
Festkörper	Alle Körper im festen Aggregatzustand. Atome oder Moleküle sind untereinander so fest gebunden, daß sie im großen und ganzen ihre Abstände zueinander nicht ändern. Kristalline Festkörper sind solche Körper, die (→) Kristallgitter besitzen. Amorphe Festkörper sind Festkörper, bei denen Moleküle oder Atome regellos angeordnet sind.
Filament	Morphologische Bezeichnung für dünne, fadenförmige Organteile oder Zellstrukturen, z.B. Muskelfilamente
Gamma-Strahlung	Elektromagnetische Strahlung, die aus Atomkernen ausgesandt wird
Gitterparameter	Abstände der Atome oder Moleküle in einem (→) Kristallgitter
Halbwertszeit	Zeit, in der beim radioaktiven Zerfall von den ursprünglich vorhandenen Atomen die Hälfte zerfallen ist
Hochspannungsgenerator	Gerät oder größere Anlage zur Erzeugung sehr hoher elektrischer Gleichspannungen
Hyperfeinwechselwirkung	Gegenseitige Beeinflussung von Atomkern und Atomhülle
Hyperonen	Teilchen, in deren innerem Aufbau „Strange“-Quarks enthalten sind
Inertialeinschluß	(→) Plasmaeinschluß durch die Trägheitskraft einer sich bewegenden (genauer: einer implodierenden) massiven Hohlkugel; im Gegensatz zum Einschluß durch Magnetfelder
Ionenaustauscher	Meist in Körnchenform vorliegende Feststoffe, die aus Elektrolytlösungen positive oder negative Ionen aufnehmen und dafür eine äquivalente Menge Ionen gleichen Vorzeichens abgeben

Ionengetterpumpen	Speziell zur Erzeugung von extrem gutem Vakuum verwendete Pumpen
Isotope	Chemisch identische Atome mit unterschiedlicher Masse. Sie haben im Kern eine verschiedene Anzahl von Neutronen
Kernreaktion	Natürlicher oder künstlich hervorgerufener Umwandlungsprozeß von Atomkernen
Klystron	Röhre zur Erzeugung sehr hoher Hochfrequenzleistung bei hohem Wirkungsgrad, in Beschleunigern zum Treiben der (→) Cavities eingesetzt
Kriechverhalten	Verhalten eines Materials bei plastischen Verformungen mit Spannungen, die weit unterhalb der Streckgrenze liegen
Kristallgitter	Periodische, dreidimensionale Anordnung von Atomen, Molekülen oder Ionen in festen Stoffen zu gitterförmigen Strukturen, in denen die einzelnen Bausteine als Punkte aufgefaßt werden
Leerstelle	Fehlen eines Kristallbausteins (Molekül oder Atom) in einem (→) Kristallgitter
Leptonen	„Leichte" Elementarteilchen, zu denen Elektron, Myon und Tau-Lepton gehören sowie ihre jeweiligen Neutrinos. Zwischen den Leptonen wirkt neben der elektromagnetischen Kraft nur noch die schwache Kraft
Luminosität	Maß für die Intensität eines Teilchenstrahls
Magnetisches Moment	Magnetische Eigenschaft des Atomkerns. Das magnetische Moment reagiert auf Magnetfelder.
Magnetron	Röhre zur Erzeugung von Hochfrequenzleistung in einem Frequenzbereich oberhalb 1000 MHz.
Meson	Teilchen, die aus einem (→) Quark und einem Antiquark zusammengesetzt sind. Das erste bekannte Meson ist das Pi-Meson.
Metallisches Glas	(→) Amorpher Festkörper, dessen Hauptbestandteil Metalle sind
Mikrotubuli	Nur elektronenmikroskopisch sichtbare Röhrchen in fast allen Zellen mit echtem Zellkern
Myon	Eines der (→) Leptonen. Es ist dem Elektron sehr ähnlich, besitzt aber die 206fache Masse.
Nebelkammer	Ein in den Anfängen der Elementarteilchenphysik eingesetztes Instrument zum Nachweis der Teilchen: ein geschlossenes durchsichtiges Gefäß, in dem die Luft durch starke Abkühlung mit Feuchtigkeit gesättigt ist. Fliegt ein geladenes Teilchen durch die Kammer, ionisiert es entlang seiner Bahn das Gas, was zur Bildung kleiner Nebeltröpfchen führt, die die Bahn sichtbar machen.

Neutrino	Wahrscheinlich masseloses ($\rightarrow$) Lepton ohne Ladung. Es tritt beim radioaktiven Zerfall gleichzeitig mit dem aus dem Atomkern ausgesandten Elektron auf.
Nukleon	Oberbegriff der Kernbausteine Proton und Neutron
Orbit	Die durch die Konstruktion eines Beschleunigers festgelegte Idealbahn der Teilchen
Ordnungszahl	Die Zahl, die ein Element im Periodensystem der chemischen Elemente als Platznummer erhält; sie ist identisch mit der Anzahl der Protonen im Atomkern.
Pellet	($=$ Kügelchen, kleine Pille) In der Technik des ($\rightarrow$) Inertialeinschlusses mehrschalig aufgebaut; die innerste Schale ist ein gefrorenes Deuterium-Tritium-Gemisch; für die Brennstoff-Nachfütterung in der Magneteinschluß-Technik sind es unstrukturierte Gas-Eisklumpen.
Pi-Meson	Instabiles Teilchen aus der Gruppe der ($\rightarrow$) Mesonen. Es gibt positiv geladene, negativ geladene und elektrisch neutrale Pi-Mesonen. Pi-Mesonen wurden 1947 in der Höhenstrahlung entdeckt.
Plasma	Ein Gemisch aus Ionen und Elektronen, das nach außen hin elektrisch neutral ist
Plasmaeinschluß	Techniken, um heiße, dichte Plasmen am Auseinanderlaufen und Abkühlen zu hindern. Ein Strahlgefäß oder ähnliches würde der Hitze nicht standhalten und das Plasma abkühlen. Der Einschluß soll auch eine schnelle Kompression ermöglichen.
Polarisation	Wird erzielt, wenn eine Achse (z. B. Drehachse) für viele Teilchen in die gleiche Richtung zeigt
Positron	Antiteilchen des Elektrons. Es besitzt dieselbe Masse, aber eine positive elektrische Ladung.
Pusher	In der Inertial-Fusionstechnik der einwärts laufende, die Trägheitskräfte vermittelnde Teil der Pellet-Hülle. Er besteht oft aus dem gleichen Material wie der ($\rightarrow$) Ablator. Er soll sich während des Implosionsprozesses möglichst nicht mit dem Deuterium-Tritium-Brennstoff vermischen, er soll Hammer und Amboß sein.
Quarks	Teilchen, aus denen sich nach den modernen Vorstellungen der Elementarteilchentheorie die Mesonen und die Baryonen zusammensetzen
Quadrupolmagnet	Magnet mit vier Polen um den Strahl, die abwechselnd gepolt sind. Derartige Magnete dienen hauptsächlich zur Strahlfokussierung in Beschleunigern.
Radioaktivität	Eigenschaft bestimmter Atomkerne, sich selbst ohne äußere Einwirkung umzuwandeln. Die dabei ausgesandte Strahlung heißt radioaktive Strahlung.

Rückstoßenergie	Kinetische Energie, die ein Kern während der (→) Kernreaktion erhält
Runzelröhre	Hohlleiter zur Führung elektromagnetischer Wellen höherer Frequenz, in denen viele Blenden in gleichem Abstand angeordnet sind, um die Phasengeschwindigkeit der durchlaufenden Welle kleiner als die Lichtgeschwindigkeit zu machen. Derartige Hohlleiter dienen in Linearbeschleunigern zur Teilchenbeschleunigung.
Schermodul	Materialkonstante, die angibt, wie leicht oder schwer ein Festkörper deformiert werden kann
Schwerionen	Schwere Atome, die, bezogen auf ihre Kernladungszahl, entweder zuviel oder zuwenig Elektronen in ihrer Hülle haben, so daß sie nach außen elektrisch geladen sind
Sekundärteilchen	Beschleunigte Teilchen können beim Auftreffen auf Materie weitere Teilchen (Sekundärteilchen) erzeugen oder aus den Atomen herausschlagen.
Spiegelmaschine	Magnetische Plasmaeinschluß-Maschine in geradliniger Bauform; die Enden werden durch magnetische oder elektrische „Spiegel" verschlossen.
Spin	Bezeichnung für den Drehimpuls eines um eine körpereigene Achse rotierenden Körpers
Stellarator	Bauform von magnetischen Plasma-Einschlußmaschinen, dem (→) Tokamak äußerlich ähnlich
Supraleiter	Stoffe, die unterhalb einer bestimmten Temperatur in der Nähe des absoluten Nullpunkts ihren elektrischen Widerstand verlieren (z.B. Quecksilber, Blei, Aluminium, Zinn, Niob oder Titan)
Synchrotronstrahlung	Erstmals in Synchrotrons beobachtete elektromagnetische Strahlung, die von energiereichen geladenen Teilchen emittiert wird, wenn sie durch ein Magnetfeld auf einer gerkümmten Bahn gehalten werden.
Szintillationszähler	Gerät zur Zählung oder Bestimmung der Energie schneller Elementarteilchen oder Gammaquanten. Die in einem Szintillator durch Teilchen ausgelösten Lichtblitze werden elektronisch registriert.
Target	Materiestück (Folie, Flüssigkeits- oder Gasvolumen), das im Experiment dem Teilchenstrahl eines Beschleunigers oder einer radioaktiven Quelle ausgesetzt wird
Tokamak	Bezeichnung für in der Sowjetunion erstmals entwickelte Versuchsgeräte zur Erzielung der Kernfusion durch magnetische Einschließung eines Plasmas in ringförmigen metallischen Entladungsgefäßen. Im

	Gegensatz zu anderen magnetischen Einschlußma-schinen (beispielsweise (→) Stellarator) zirkuliert im Plasma des Tokamak ein transformatorisch erzeugter Ringstrom, der das Plasma zugleich stabilisiert und aufheizt.
Tritium	Radioaktives Isotop des Wasserstoffs; sein Kern besteht aus einem Proton und zwei Neutronen.
Wiggler-Magnet	Spezielle Anordnung vieler kurzer Ablenkmagnete mit abwechselnder Polarität. Sie werden an Synchrotron-Strahlungsspeicherringen zur Intensivierung der verwendbaren Strahlung eingesetzt.
Winkelverteilung	Die Abhängigkeit einer Meßgröße (beispielweise Intensität) vom Winkel
Zwangslegierung	Es gibt Metalle (A, B), die untereinander keine natürliche Legierung AB bilden. Wird aber in das Element A mit einem Schwerionenbeschleuniger das Element B hineingeschossen, bildet sich eine Zwangslegierung.
Zwischengitterbesetzung	Drängen sich zwischen die natürlich angeordneten Bausteine (Atome, Moleküle) eines (→) Kristallgitters zusätzlich Atome oder Moleküle, spricht man von einer Zwischengitterbesetzung.

Beschleuniger in der Großforschung mit Kenndaten

Deutsches Elektronen-Synchrotron DESY

Beschleunigertyp	Teilchenart	Energiebereich	Zeitgemittelter Strom (Teilchen pro Sekunde)	Zeitstruktur Pulslänge/ Pulspause
Speicherring PETRA	e^--e^+	10 bis 46,5 GeV*	$4 \cdot 10^{16}$	100 ps
Speicherring DORIS II	e^--e^+	3 bis 11,2 GeV*	$3 \cdot 10^{17}$	100 ps
Synchrotron DESY I	e^-/e^+	0,5 bis 7,5 GeV	$1,0 \cdot 10^{11}\, e^-$ $5 \cdot 10^{10}\, e^+$	< 1 ns/20 ms
Linear-beschleuniger LINAC I	e^-	55 MeV und 200 MeV	$2,0 \cdot 10^{11}$	2 ns/20 ms
Linear-beschleuniger LINAC II	e^+	450 MeV	$1 \cdot 10^{11}$	50 ns/20 ms
Accumulator-Speicherring PIA	e^+	450 MeV	$8 \cdot 10^{10}$	2 ns/120 ms

* Im Schwerpunktsystem

Deutsches Krebsforschungszentrum DKFZ

Beschleunigertyp	Teilchenart	Energiebereich	Zeitgemittelter Strom (Teilchen pro Sekunde)	Zeitstruktur Pulslänge/ Pulspause
Kompakt-Zyklotron	p d α	21,5 MeV 10,6 MeV 21,5 MeV	$2 \cdot 10^{14}$ $4 \cdot 10^{14}$ 10^{14}	2,5 ns/30 ns
Mevatron 77	e^-	5–18 MeV	10^{11}	3,5 μs/10 ms

Gesellschaft für Schwerionenforschung GSI

Beschleunigertyp	Teilchenart	Energiebereich	Zeitgemittelter Strom (Teilchen pro Sekunde)	Zeitstruktur Pulslänge/ Pulspause
Linear Beschleuniger UNILAC	p bis Uran	bis 20 MeV/pro Nukleon	10^{13}	Makro: 5 ms/15 ms Mikrostruktur bis herab zu 200 ps
Testinjektor (300 keV) + MAXILAC	p bis Uran	45 keV pro Nukleon	10^{16}	Makro: 2 ms/18 ms Mikro: 10 ms/67 ns

Beschleunigertyp	Teilchenart	Energiebereich	Zeitgemittelter Strom (Teilchen pro Sekunde)	Zeitstruktur Pulslänge/ Pulspause
1. Van-de-Graaff Zyklotron- Kombination (VICKSI)	p Li α C . . . Xe *	45–70 MeV 45–100 MeV 45–130 MeV 45–420 MeV . . . 170–500 MeV	$\sim 10^9$–10^{12}	1 ns/ 50–100 ns
2. Hochfrequenz- Linear-Be- schleuniger (LINAC)	e^-	15 MeV max.	$1{,}2 \cdot 10^{15}$ max. Strom: 6 A	5 ns–5 µs
3. K-4000 High Voltage Engineering (ELBENA)	e^-	4 MeV	$4 \cdot 10^{19}$ im Maximum	5 ns–5 µs/ 10 ms
4. van-de-Graaff	e^-	0,2–2,5 MeV	10^9–10^{13}	kontinuierlich
5. van-de-Graaff	Ionen	0,2–2,5 MeV	10^9–10^{12}	kontinuierlich 4. und 5. in Kombination, das heißt gemeinsame Targetkammer ist möglich
6. Freiluft-Be- schleuniger (elektrosta- tischer Linear- beschleuniger)	Ionen (nicht-aggres- sive Gase, Cu, Ni, Fe, As, P, B, weitere Metalle)	10–400 keV für $q = 1$	10^{10}–10^{15}	kontinuierlich
7. Freiluft-Be- schleuniger (elektrosta- tischer Linear- beschleuniger)	Ionen (wie 6)	5–70 keV für $q = 1$	10^{10}–10^{15}	kontinuierlich Dual-Beam- Betrieb beider Beschleuniger ist möglich (Kreuzungs- punkt der beiden Strah- len in einer Tar- getkammer)

* Für einzelne Ionenarten können Energien bis 1 GeV erreicht werden.

Max Planck-Institut für Plasmaphysik IPP

Beschleunigertyp	Teilchenart	Energiebereich	Zeitgemittelter Strom (Teilchen pro Sekunde)	Zeitstruktur Pulslänge/ Pulspause
Elektrostatisch	p, d	30/ 45 keV	$1{,}5 \cdot 10^{20}$	0,2 0,5 s/ 180 s
Elektrostatisch	p	55 keV	$1{,}5 \cdot 10^{20}$	10 s/300 s

Kernforschungsanlage Jülich KFA

Beschleunigertyp	Teilchenart	Energiebereich	Zeitgemittelter Strom (Teilchen pro Sekunde)	Zeitstruktur Pulslänge/ Pulspause
Isochron-Zyklotron JULIC	p	22,5–45 MeV	$> 62 \cdot 10^{13}$	1,7 ns/38,3 ns für mittlere Energie
	d		$> 62 \cdot 10^{13}$	
	α		$> 12 \cdot 10^{13}$	
	$^3\mathrm{He}^{2+}$		$> 9 \cdot 10^{13}$	
Kompaktzyklotron CV 28	p	3–24 MeV	$1{,}9 \cdot 10^{14}$ *	
	d	4–14 MeV	$4 \; \cdot 10^{14}$ *	
	He^3	6/ 36 MeV	$3 \; \cdot 10^{14}$ *	
	α	6–28 MeV	$1{,}5 \cdot 10^{14}$ *	
van de Graaff KS-3000	e^-	0,5–3,0 MeV	$3 \cdot 10^{15}$ *	
Tandem-Tandetron	p	0,2–1,7 MeV	$6 \cdot 10^{14}$*	
	He^+, He^{2+}	0,2–1,7 MeV	$3 \cdot 10^{12}$*	
	B^+, B^{2+}	0,2–1,7 MeV	$3 \cdot 10^{13}$*	
	C^+, C^{2+}	0,2–1,7 MeV	$3 \cdot 10^{14}$*	
	Si^+, Si^{2+}	0,2–1,7 MeV	$6 \cdot 10^{14}$*	
	Ni^+, Ni^{2+}	0,2–1,7 MeV	$9 \cdot 10^{13}$*	
	Au^+, Au^{2+}	0,2–1,7 MeV	$2 \cdot 10^{14}$*	

* Im Maximum

Beschleunigertyp	Teilchenart	Energiebereich	Zeitgemittelter Strom (Teilchen pro Sekunde)	Zeitstruktur Pulslänge/ Pulspause
Karlsruher Isochron-Zyklotron	H_2^+, d, α, $^6Li^{3+}$, $^{12}C^{6+}$ $^{14}N^{7+}$, $^{20}Ne^{10+}$, polarisierte d	26 MeV/u	10^{10} bis $5 \cdot 10^{13}$	1 ns/30 ns beliebig im > 1-μs- Bereich
Karlsruher Kompaktzyklotron	p	15–42 MeV	$2 \cdot 10^{14}$	3 ns/30 ns
Einstufiger van de Graaff HVEC Typ AK 2000	leichte Ionen	0,3 bis 2 MeV	$3 \cdot 10^{14}$	kontinuierlich
Einstufiger van de Graaff HVEC Typ KN 3750	leichte Ionen	0,5 bis 3,5 MeV	$\leqslant \dfrac{3 \cdot 10^{14}}{n}$	$\geqslant 5 \cdot 10^{-10}/n$ $\cdot 2 \cdot 10^{-7}$ s $(n = 1,2, \ldots 50)$
	leichte und schwere Ionen	0,5 bis 3,5 MeV	$> 2,5 \cdot 10^{15}$	kontinuierlich

Naturwissenschaften

ISSN 0028-1042   Titel Nr. 114

Organ der
- Max-Planck-Gesellschaft zur Förderung der Wissenschaften
- Gesellschaft Deutscher Naturforscher und Ärzte
- Arbeitsgemeinschaft der Großforschungseinrichtungen

Im Jahr 1913 formulierte der Begründer der **Naturwissenschaften,** Arnold Berliner, den Auftrag der Zeitschrift:

„... sie soll jeden naturwissenschaftlich Thätigen (als Forscher oder als Lehrer) über das orientieren, was ihn *außerhalb seines eigenen Faches interessiert...*"

Autoren wie Albert Einstein, Werner Heisenberg, Max von Laue, Karl von Frisch, Konrad Lorenz, Manfred Eigen u.v.a. haben in den vergangenen 73 Jahren mit daran gearbeitet, dieses Ziel zu verwirklichen. Und auch in Zukunft werden Spitzenforscher aus aller Welt in **Übersichtsbeiträgen** über den Stand ihres Fachgebietes berichten, in **Kurzen Originalmitteilungen** neue Resultate vorstellen und in **Rezensionen** wichtige neue Literatur kritisch bewerten. **Naturwissenschaften Aktuell,** einer regelmäßigen Rubrik, kann der Leser jeweils neueste Informationen aus Hochschul- und Forschungspolitik entnehmen.

Begründet 1913 von *A. Berliner* und *C. Thesing.* 1934/35 herausgegeben von *H. Matthée,* 1936–1944 von *F. Süffert,* 1945–1949 von *A. Eucken,* 1950-1966 von *E. Lamla,* 1967-1983 von *H. Autrum* und *F. L. Boschke. – Bildet die Fortsetzung der „Naturwissenschaftlichen Rundschau", begründet 1886 und bis 1912 herausgegeben von J. Bernstein, V. Meyer, B. Schwalbe, W. Sklarek u.a., Braunschweig, F. Vieweg und Sohn*

Herausgeber: H. Autrum, München; M. Eigen, Göttingen; E. Fluck, Frankfurt a. M.; L. Jaenicke, Köln; O. Mahrenholtz, Hamburg; A. Oksche, Gießen; W. Paul, Bonn; E. Seibold, Bonn; H. Ziegler, München

Redaktion: D. Czeschlik, V. Gersbach

Springer-Verlag
Berlin Heidelberg New York
London Paris Tokyo